万家寨水库溯源冲刷规律及运用方式研究

王　婷　马怀宝　任智慧　路新川　等著
任红俊　李昆鹏　闫振峰　王子路

黄河水利出版社
·郑州·

内 容 提 要

本书以河流动力学理论为基础,通过物理模型和资料分析等手段,以万家寨水库运用方式优化为研究目标,开展了多沙河流水库溯源冲刷实体模型试验研究,揭示了降水冲刷、溯源冲刷发展过程及河床形态调整模式,对水库溯源冲刷机制的研究具有参考价值;提出了万家寨水库溯源冲刷优化运用方案,对增加万家寨水库有效库容具有重要价值;采用实体比尺模型试验、实测数据分析等,对水库排沙进行了规律性探索,提出的出库输沙率和库区冲刷量与影响因素之间的关系具有一定的创新性。研究成果能够为万家寨水库调度提供重要的技术支撑。

本书是一部涉及水力学、河流动力学、河流模拟技术等学科的科技专著,也可供大中专院校水利水电类专业师生和科研机构、水库调度及水电站等单位的工程技术人员参考,还可供广大治黄工作者和水利工作者参阅。

图书在版编目(CIP)数据

万家寨水库溯源冲刷规律及运用方式研究/王婷等
著. —郑州:黄河水利出版社,2021.9
ISBN 978-7-5509-3104-6

Ⅰ.①万…　Ⅱ.①王…　Ⅲ.①黄河-水库-水库泥沙
-泥沙运动-冲刷-研究　Ⅳ.①TV142

中国版本图书馆 CIP 数据核字(2021)第 198660 号

策划编辑:岳晓娟　电话:0371-66020903　E-mail:2250150882@ qq. com

出 版 社:黄河水利出版社　　　　　　　　　　　　网址:www. yrcp. com
　　　　　地址:河南省郑州市顺河路黄委会综合楼 14 层　　邮政编码:450003
发行单位:黄河水利出版社
　　　　　发行部电话:0371-66026940、66020550、66028024、66022620(传真)
　　　　　E-mail:hhslcbs@ 126. com
承印单位:河南新华印刷集团有限公司
开本:787 mm×1 092 mm　1/16
印张:11.25
字数:260 千字　　　　　　　　　　　　印数:1—1 000
版次:2021 年 9 月第 1 版　　　　　　　　印次:2021 年 9 月第 1 次印刷

定价:90.00 元

前　言

　　黄河万家寨水利枢纽位于黄河中游托克托至龙口峡谷河段内,属Ⅰ等大(1)型工程,枢纽主要任务是供水结合发电调峰,同时兼有防洪、防凌作用。由于位于黄河上游的龙羊峡、刘家峡水库的运用,加之经济发展与人类活动影响作用增强,万家寨入库水沙条件发生了较大的变化。此外,水库投入运行后又增添了如冲刷潼关高程、调水调沙等新的任务,使得水库边界条件与设计阶段相比发生了改变。截至 2016 年 10 月,水库最高蓄水位980 m 以下淤积 4.616 亿 m³,大于设计拦沙库容;校核洪水位 979.1 m 至汛限水位 966 m之间调洪库容为 2.748 亿 m³,较设计调洪库容减少 0.272 亿 m³。为适应变化的边界条件,并减缓水库淤积,尽可能恢复调洪库容,有必要对水库运用方式进行优化。

　　为此,黄河万家寨水利枢纽有限公司联合黄河水利科学研究院等单位,针对万家寨水库开展了"万家寨—龙口水库联合调度规程编制—万家寨水库实体模型试验研究""2011~2017 年万家寨水库排沙规律""万家寨水库排沙方案"等项目的大量研究,旨在通过分析水库运用情况及水沙条件,研究水库淤积情况,总结水库排沙规律。在此基础上,结合水库目前的淤积状况及水库初步设计运行方案为进一步优化水库运用方式提供科学依据。本书基于上述部分研究成果,通过整理提炼,系统总结了万家寨水库物理模型试验及水库进入正常运用期以来的水库泥沙研究成果。

　　本书共分 7 章:第 1 章为万家寨水利枢纽概况,概述万家寨水利枢纽基本情况和万家寨水库初期运用方式;第 2 章为万家寨水库水沙条件及运用过程,分析万家寨进入正常运用期水库运用及进出库水沙过程;第 3 章为万家寨水库排沙运用及对库区冲淤影响,主要分析 2011~2019 年汛期排沙过程及其对库区冲淤调整的影响;第 4 章为水库降水冲刷排沙规律,主要根据水库正常运用期及模型试验期间降水冲刷资料,分析水库排沙规律;第 5 章为万家寨水库物理模型设计制作及验证,进行物理模型设计、制作及验证工作,以便开展不同运用方案系列年对比试验;第 6 章为万家寨水库运用方式研究,主要通过模型试验,研究给定入库水沙和边界条件下冲刷历时对冲刷效果的影响,同时,检验水库在不同运用方式下,库区水沙运动规律、库区淤积形态、库容变化、出库水沙过程等,对不同运用方式水库综合效果进行比选;第 7 章为结论及认识。

　　本书各章具体撰写人员及撰写分工如下:第 1 章由任红俊、路新川撰写,第 2 章由任智慧、路新川撰写,第 3 章由任智慧、任红俊撰写,第 4 章由王婷、马璐瑶撰写,第 5 章由闫振峰、王子路撰写,第 6 章由马璐瑶、李昆鹏撰写,第 7 章由马怀宝、王婷撰写。全书由王婷统稿。本书研究开展过程中,黄河水利委员会长期从事泥沙研究的江恩慧、翟家瑞、张俊华、曲少军、王远见、张原锋、陈书奎等专家,都提出了不少宝贵意见;李新杰、王欣、张世安、张翎、郭秀吉、颜小飞、王强、石华伟、李丽珂、郑佳芸、唐凤珍、雷栋栋等也参加了相关的研究工作。本书的出版得到了国家重点研发计划经费项目"黄河干支流骨干枢纽群泥沙动态调控关键技术"(编号:2018YFC0407400)的资助,在此谨致谢意!

　　本书对水库排沙及运用方式的研究仍需丰富、完善,加上相关研究十分复杂,以及作者水平有限,疏漏之处在所难免,热忱欢迎读者提出宝贵意见。

作　者

2021 年 10 月

目 录

第 1 章　万家寨水利枢纽概况

黄河万家寨水利枢纽位于黄河中游托克托至龙口峡谷河段内,上距黄河上中游分界处托克托县河口镇断面 104 km,距头道拐水文站 114 km,下距天桥水电站 97 km;坝址左岸为山西省偏关县,右岸为内蒙古自治区准格尔旗。万家寨水利枢纽坝址以上流域面积为 394 813 万 km²,占黄河流域面积的 52.47%,其中干流入库站头道拐水文站控制流域面积 367 898 万 km²。坝址以上 14 km 处有支流杨家川汇入,流域面积 1 002 km²;坝址以上 57 km 处有支流红河(也称浑河)汇入,流域面积 5 533 km²;坝址以上 104.5 km 处有支流大黑河流入,流域面积 17 673 km²。万家寨水利枢纽地理位置见图 1-1。

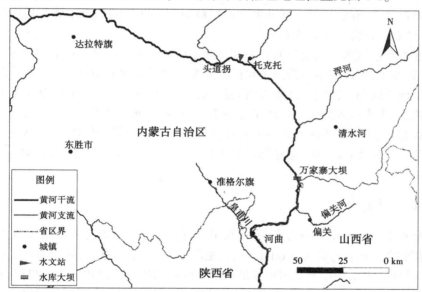

图 1-1　万家寨水利枢纽地理位置示意

1.1　枢纽概况

1.1.1　自然环境

万家寨水库库区地处干旱半干旱区,主要受温带大陆性气候影响,冬季时间较长,春秋短促,四季分明。冬季主要受蒙古高压控制,多西北风,气候寒冷干燥;夏季受暖湿气流影响,降水较多。

万家寨水利枢纽附近多年平均降水量为 400 mm(河曲气象站 1961～2005 年),降水年际和年内变率都很大。最大年降水量为 715 mm(1967 年),最小年降水量仅 211 mm

(1965 年),最大日降水量可达 100 mm 以上(1994 年 7 月 7 日)。降水主要集中在夏季,
且多短历时暴雨,7 月、8 月降水量占全年降水量的 50%以上;冬季降水稀少,仅占全年降
水量的 2%左右。万家寨库区夏季常发生局部强对流性暴雨,范围小、强度大、历时短,容
易形成洪水灾害。

万家寨水利枢纽附近多年平均气温为 8.2 ℃(河曲气象站 1961~2005 年),气温年变
幅和日变幅均很大。年平均气温最高为 9.7 ℃(1965 年),最低为 6.5 ℃(1986 年);最高
日平均气温为 31.8 ℃(1971 年 7 月 19 日),最低日平均气温为-25.2 ℃(1998 年 1 月 18
日)。万家寨库区地处内陆腹地,邻近毛乌素沙漠,气候干燥,风沙较大,蒸发能力强,年
水面蒸发量在 2 000 mm 以上。

万家寨水库的入库站为距坝 114 km 的头道拐水文站。该站多年平均径流量为 211
亿 m³(1952~2019 年),最大年径流量为 437 亿 m³(1967 年),最小年径流量为 102 亿 m³
(1997 年),年径流量主要集中在 7~10 月,占全年径流总量的 50%。万家寨坝址的输沙
量一部分来自河口镇以上,另一部分来自河口镇至万家寨区间。万家寨坝址设计年输沙
量为 1.49 亿 t,设计含沙量为 6.6 kg/m³。

万家寨水利枢纽两岸地层为寒武系和奥陶系碳酸盐岩。库区左岸岩溶地下水位高于
库水位,补给库水;库区右岸岩溶地下水位较正常库水位低 90~100 m。右侧渗漏是水库
的主要工程地质问题。渗漏形式为岩溶裂隙式,近岸 2 km 地带,在水库蓄水后仍保持较
陡的水力坡度,为库水入渗区。远离岸边地带,在水库蓄水后水位抬高有限,基本保持原
来的低缓状态,低缓带即为库水入渗的直接排泄区。根据边界条件估算,库区右岸岩溶渗
漏在最高蓄水位 980.00 m 时,总渗漏量最大值为 10.63 m³/s,最小值为 4.41 m³/s,平均
值为 6.85 m³/s。

1.1.2　库区形态

万家寨水库是一座峡谷型水库,库区狭窄多弯,两岸陡峻,大部分断面呈"U"形,高程
980 m 时水库的库面平均宽 350.00 m 左右,见图 1-2。主槽为基岩,两岸滩地为砂卵石淤
积物,水库设计回水末端拐上是河道纵坡由缓变陡的转折点。以拐上为分界点,拐上以下
库区长 72.00 km,为山区型河道,河道狭窄,比降大,天然河道平均比降 1.17‰;头道拐至
拐上河段是平原型河道向山区型河道过渡的过渡段,其中,头道拐—大石窑河段长约
31.00 km,河床比降 0.12‰,大石窑—拐上河段长 10.80 km,河床比降 0.33‰;头道拐以
上黄河内蒙段是平原型河道,河床平均比降 0.14‰,最缓 0.1‰,因此设计时未考虑推
移质。

1.1.3　工程规模

万家寨水利枢纽 1992 年开始建设,1998 年 10 月下闸蓄水,1998 年 12 月初第一台机
组正式并网发电,2000 年 12 月 6 台机组全部建成投产。万家寨水利枢纽的主要任务是
供水结合发电调峰,同时兼有防洪、防凌作用。万家寨水利枢纽属Ⅰ等大(1)型工程,设
计洪水标准为 1 000 年一遇,校核洪水标准为 10 000 年一遇。水库总库容 8.96 亿 m³,调
节库容 4.45 亿 m³,死库容 4.51 亿 m³,调洪库容 3.02 亿 m³;最高蓄水位 980 m,正常蓄水

图 1-2 万家寨水库库区河道示意

位 977 m, 校核洪水位 979 m, 防洪限制水位 966 m, 最低发电水位 952 m。年供水量 14.00 亿 m³, 其中向内蒙古自治区准格尔旗供水 2 亿 m³, 向山西省供水 12 亿 m³。万家寨水利枢纽基本特征见表 1-1。

表 1-1　万家寨水利枢纽基本特征

编号	分类	名称	数量或特征	说明
1	水库 水位/m	最高蓄水位	980	
		正常蓄水位	977	
		校核洪水位	979	
		设计洪水位	974	
		防洪限制水位	966	
		排沙期最高运用水位	957	
		排沙期最低运用水位	952	
		冲刷水位	948	
2		最高蓄水位时的水库面积/km²	28.11	
3		回水长度/km	72.34	
4	水库 容积/亿 m³	总库容(最高蓄水位以下)	8.96	原始库容
		调洪库容	3.02	
		调节库容	4.45	
		死库容	4.51	相应水位 960 m
5	下泄量/ (m³/s)	设计洪水位时的最大下泄量	7 899	表孔不参加泄洪
		校核洪水位时的最大下泄量	8 326	表孔不参加泄洪
6	流域 面积/km²	坝址以上	394 813	
		河口镇至万家寨区间	8 847	
		支流杨家川	1 002	入库口距坝址 14 km
		支流浑河	5 533	入库口距坝址 57 km
		支流大黑河	17 673	在河口镇上游入黄河
7	径流量/ 亿 m³	多年平均年径流量(实测)	248	河口镇水位站实测
		多年平均年径流量(设计)	192	
8	代表性 流量/ (m³/s)	多年平均流量(实测)	790	
		多年平均流量(设计)	621	
		实测最大流量	5 310	河口镇水位站实测
		调查历史最大流量	11 400	1969 年
		设计洪峰流量(P=0.1%)	16 500	
		校核洪峰流量(P=0.01%)	21 200	
9	洪量/亿 m³	实测最大洪量(15 d)	64.40	河口镇水位站实测
		设计洪量(15 d)	102.08	
		校核洪量(15 d)	125.51	

　　万家寨水利枢纽建筑物由拦河坝、泄水建筑物、坝后式厂房、引黄取水建筑物及 GIS 开关站等组成。枢纽拦河坝为半整体混凝土直线重力坝,坝顶高程 982 m,坝顶长 443 m,坝顶宽 21 m,最大坝高 105 m。泄水建筑物位于河床左侧,包括 8 个 4 m×6 m 的底孔,底

坎高程 915 m；4 个 4 m×8 m 的中孔，堰顶高程为 946 m；1 个 14 m×10 m 的表孔，堰顶高程为 970 m；5 个出口为 1.4 m×1.8 m 的排沙洞，底坎高程 912 m。电站厂房位于河床右侧拦河坝之后，单机单管引水，压力钢管直径为 7.5 m，厂房内装有 6 台单机容量为 18 万 kW 的水轮发电机组，机组进口底坎高程 932 m。万家寨水库泄水、引水建筑物布设尺寸见表 1-2。

表 1-2　万家寨水库泄水、引水建筑物布设尺寸

项目	排沙洞	底孔	中孔	表孔	引黄取水口	工业取水口	电站取水口
进口底部高程/m	912	915	946	970	948	945.55~967.55	932
进口尺寸/(m×m)	3×2.4	4×6	4×8	14×10	4×4	1.4×1.6	7.5×8.5
孔数	5	8	4	1	2	4	6
所在坝段	13~17	5~8	9~10	4	2~3	18	12~17

枢纽工程挡水建筑物按 1 000 年一遇洪水设计和 10 000 年一遇洪水校核，同时进行了枢纽挡水建筑物按 500 年一遇洪水设计和 5 000 年一遇洪水调洪计算。10 000 年一遇洪水和 5 000 年一遇洪水的洪峰分别为 21 200 m^3/s 和 19 800 m^3/s 时，调洪后的校核洪水位相应为 979.1 m 和 977.79 m，其相应最大泄量分别为 8 326 m^3/s 和 8 086 m^3/s。万家寨水库水位、面积、库容和泄量关系见表 1-3。

表 1-3　万家寨水库水位、面积、库容和泄量关系

高程/m	面积/km^2	原始库容/亿 m^3	底孔泄量/(m^3/s)	中孔泄量/(m^3/s)	表孔泄量/(m^3/s)	总泄量/(m^3/s)
940	10.35	1.78	430			3 440
941	10.66	1.89	440			3 520
942	11.07	2.00	450			3 600
943	11.77	2.10	460			3 680
944	12.02	2.22	466			3 728
945	12.19	2.32	476			3 808
946	12.73	2.45	480	0		3 840
947	13.16	2.57	490	8		3 952
948	13.54	2.70	500	20		4 080
949	14.18	2.83	506	34		4 184
950	14.56	2.95	516	44		4 304
951	14.82	3.10	520	70		4 440
952	15.11	3.24	530	90		4 600

续表 1-3

高程/m	面积/km²	原始库容/亿 m³	底孔泄量/(m³/s)	中孔泄量/(m³/s)	表孔泄量/(m³/s)	总泄量/(m³/s)
953	15.29	3.38	540	120		4 800
954	15.81	3.54	550	140		4 960
955	16.09	3.69	560	170		5 160
956	16.56	3.86	566	208		5 360
957	16.87	4.03	570	248		5 552
958	17.18	4.20	580	290		5 800
959	17.51	4.38	584	340		6 032
960	18.00	4.54	592	380		6 256
961	18.33	4.73	600	400		6 400
962	18.67	4.92	604	420		6 512
963	19.16	5.10	610	440		6 640
964	19.64	5.28	620	460		6 800
965	19.89	5.47	624	470		6 872
966	20.36	5.66	630	490		7 000
967	20.87	5.87	636	506		7 112
968	21.20	6.08	644	520		7 232
969	21.55	6.28	650	540		7 360
970	22.02	6.48	656	550	0	7 448
971	22.40	6.71	662	560	30	7 566
972	22.89	6.94	668	572	70	7 702
973	23.38	7.17	676	580	114	7 842
974	24.00	7.40	680	600	194	8 034
975	24.79	7.64	684	610	280	8 192
976	25.22	7.90	692	620	388	8 404
977	25.97	8.16	700	630	490	8 610
978	26.53	8.43	704	640	610	8 802
979	21.59	8.70	710	652	710	8 998
980	28.60	8.96	720	660	860	9 260

1.1.4　测验断面

为了满足库区水文泥沙动态监测的需要,万家寨水库库区及库尾河道内共设立了永久性淤积测验断面 89 个,其中从坝前到大坝上游 107 km 范围内的黄河干流上设立了 73

个（WD01—WD72 及大沟口断面），杨家川、黑岱沟、龙王沟和红河等 4 条支流上共计 16 个。1999 年 10 月后根据库区测验需要将黄河干流上的测验断面进行调整，目前常用水位及泥沙淤积测验断面见图 1-3、表 1-4。

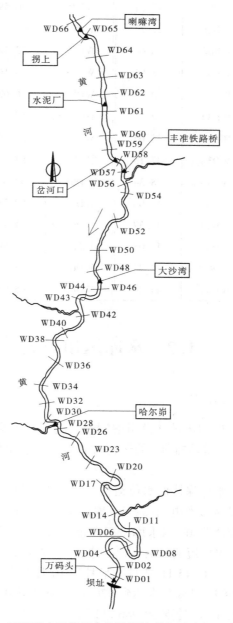

图 1-3 万家寨库区常用水位及泥沙淤积测验断面分布

表 1-4　万家寨库区测验断面距坝里程(黄河干流)

断面名称	距坝里程/km	断面名称	距坝里程/km	断面名称	距坝里程/km	断面名称	距坝里程/km
WD00	0.02	WD26	25.31	WD48	46.59	房子滩	67.42
万码头	0.56	WD28	27.27	WD50	48.96	WD63	67.55
WD00+50	0.07	哈尔峁	28.60	WD52	52.13	WD64	69.85
WD00+205	0.22	WD30	28.91	WD54	55.16	喇嘛湾	72.00
WD01	0.69	WD32	30.51	WD56	56.63	WD65	72.26
WD02	1.76	WD34	32.36	丰准铁路桥	57.00	WD66	74.08
WD04	3.93	WD36	35.04	WD57	57.29	WD67	76.60
WD06	6.58	WD38	37.15	岔河口	57.29	WD68	81.52
WD08	9.14	WD40	38.34	WD58	58.47	WD69	86.17
WD11	11.70	WD42	41.02	WD59	59.73	毛不拉	88.90
WD14	13.99	WD43	42.37	WD60	61.45	WD70	91.90
WD17	17.09	WD44	43.08	水泥厂	62.90	蒲滩拐	95.77
WD20	20.09	大沙湾	44.22	WD61	63.74	WD71	99.43
WD23	22.45	WD46	44.90	WD62	65.92	WD72	106.15

1.2　水库运用方式

1.2.1　水库设计运用方式

《黄河万家寨水利枢纽初步设计说明书》指出:为保持万家寨水库的调节库容,限制库区泥沙淤积上延,采取"蓄清排浑"的运行方式。还要满足防洪、防凌和发电的要求。设计调度运用方式如下:

8月、9月为排沙期,水库保持低水位运行。当入库流量小于800 m³/s时,库水位控制在952~957 m,进行日调节发电调峰;当入库流量大于800 m³/s时,库水位保持952 m运行,电站转为基荷或弃水带峰;当水库淤积严重、难以保持日调节库容时,在流量大于1 000 m³/s的情况下,库水位短期降至948 m冲沙(5~7 d)。

7月16~31日和10月1~15日(7月下半月和10月上半月),库水位不超过966 m。10月下半月逐渐蓄高,至10月底蓄水达到970 m,以使水轮机能够发满出力。若预报河口镇有洪水,则在洪水前库水位仍降至966 m以下。

11月至翌年2月底,最低库水位970 m。在内蒙河段开始封冻时,有约半个月的小流量过程,为保证正常发电,水库需调节部分水量,但在封冻之前不要超过975 m,待上游河道封冻以后,再无大量冰花进入库区时可提高库水位至977 m。为防止非汛期泥沙淤积上延不宜再向上蓄水。

　　3 月初至 4 月初是内蒙河段开河流凌期,为促使库尾部盖面冰解体,便于上游流冰进入库内,应降低水位至 970 m 运行。春季流凌结束后即可蓄到 977 m,4 月底前蓄至 980 m。5 月至 7 月 15 日供水期水位由 980 m 逐渐降至防洪限制水位 966 m,至 7 月底降至排沙期运用水位。

1.2.2　水库初期运用方式

　　万家寨水库运用初期指万家寨水库 1998 年 10 月 1 日下闸蓄水至 2010 年汛后。2010 年汛后,万家寨水库泥沙淤积纵剖面(河底平均高程)基本达到设计淤积平衡状态,水库运用进入正常运用期。

　　水库运用初期,1998 年 11 月至 2001 年 10 月,水库运行水位较低,平均水位为 961.2 m,且水位波动较大;水库在水位 950~970 m 运行天数占总运行天数的 88%。2002~2010 年(水库运用年,11 月 1 日至翌年 10 月 31 日,以下各年份皆指水库运用年),各阶段运用水位逐年适当抬高,多年平均水位为 969.19 m,有 1 554 d 在水位 970 m 以上运行,占总运行天数的 49%。各阶段运用水位如下:4~6 月运行水位较高,一般高于 970 m,最高月平均水位达到了 977.23 m(2010 年 6 月);汛期来水来沙偏枯,相应运行水位较设计值高,8~10 月在 960~975 m 运行,汛期最高月均水位达 974.25 m(2010 年 9 月);稳定封河期库水位保持在 965~975 m,开河期一般降到 965 m 以下。2006~2010 年,开展利用桃汛洪水冲刷降低潼关高程试验以来,开河期库水位一般降至 955 m 以下,最低降至 952.03 m(2010 年 3 月 31 日)。1999~2010 年各月平均水位见图 1-4。

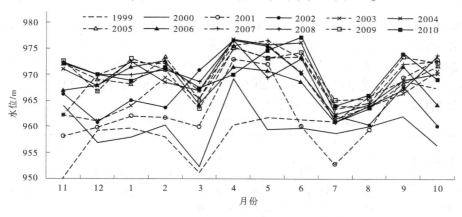

图 1-4　万家寨水库 1999~2010 年各月平均水位

　　水库运用初期排沙情况与初步设计拟定的运用方式有较大差异,主要有以下两个方面:

　　(1)水库处于拦沙运用初期,有较大的死库容没有淤满,还没有完全进入正常设计运用阶段。

　　(2)上游来水偏枯,排沙方案未能够正常运用。1999~2010 年头道拐站平均来水量为 151.48 亿 m³,仅占设计值的 78.9%;年平均来沙量为 0.416 亿 t,仅占设计值的 38.52%;汛期水量为 56.42 亿 m³,占设计值的 66.38%;汛期沙量为 0.211 亿 t,占设计值的 26.43%,排沙方案无法实行。

第 2 章　万家寨水库水沙条件及运用过程

2010 年汛后,万家寨水库泥沙淤积纵剖面(河底平均高程)基本达到设计淤积平衡状态,断面法计算万家寨库区累计淤积量为 4.114 亿 m³,该量值也接近水库设计死库容,水库进入正常运行阶段。为减缓万家寨水库泥沙淤积速度,2011～2013 年 8 月、9 月开展了不同条件下的降低水位排沙运行,为水库排沙调度积累了经验;2014～2019 年 8 月、9 月开展了 6 次敞泄排沙运行。本章主要针对水库进入正常运用以来的进出库水沙变化及水库运用情况进行分析。

2.1　进出库水沙过程

2.1.1　水沙年际变化

万家寨水库入库径流由两部分组成:河口镇以上流域径流和河口镇—万家寨坝址区间的径流。河口镇以上流域以头道拐水文站代表水沙过程,河口镇—万家寨坝址区间入汇水沙量较小,可忽略不计,本书仅以干流头道拐水文站水沙过程代表万家寨水库入库水沙条件。

2011～2019 年(水库运用年,上年 11 月 1 日至当年 10 月 31 日,全书同)万家寨水库入库水沙统计见表 2-1,入库水沙变化过程见图 2-1。2011～2019 年万家寨水库年均入库水量 208.62 亿 m³、入库沙量 0.566 亿 t、入库含沙量 2.71 kg/m³。入库水沙年际变化较大,年入库水量最大为 349.94 亿 m³(2019 年)、最小为 116.32 亿 m³(2016 年);年入库沙量最大为 1.434 亿 t(2019 年)、最小为 0.164 亿 t(2016 年)。

表 2-1　2011～2019 年万家寨水库进出库水沙统计

运用年	水量/亿 m³				沙量/亿 t				含沙量/(kg/m³)			
	入库		出库		入库		出库		入库		出库	
	年	汛期	年	汛期	年	汛期	年	汛期	年	汛期	年	汛期
2011	159.79	59.40	152.99	56.77	0.376	0.181	0.161	0.084	2.35	3.05	1.05	1.48
2012	285.01	172.11	276.05	172.20	0.760	0.500	0.496	0.483	2.67	2.91	1.80	2.80
2013	212.12	91.31	221.78	95.35	0.612	0.366	0.513	0.479	2.89	4.01	2.32	5.02
2014	175.03	83.80	171.52	81.64	0.396	0.300	0.300	0.297	2.26	3.58	1.75	3.64
2015	144.79	48.05	144.45	44.87	0.211	0.105	0.156	0.156	1.46	2.18	1.08	3.47
2016	116.32	43.21	108.95	41.89	0.164	0.108	0.041	0.021	1.41	2.51	0.376	0.51
2017	121.94	50.17	113.08	43.01	0.171	0.114	0.159	0.159	1.40	2.27	1.41	3.70
2018	312.61	209.48	307.68	203.31	0.966	0.752	2.092	2.073	3.09	3.59	6.80	10.19
2019	349.94	188.83	344.69	183.00	1.434	1.031	1.270	1.200	4.10	5.46	3.68	6.56
平均	208.62	105.15	204.58	102.45	0.566	0.384	0.576	0.550	2.71	3.65	2.82	5.37

注:非汛期指上年 11 月 1 日至当年 6 月 30 日,汛期指 7 月 1 日至 10 月 31 日,全书同。

2011～2019 年万家寨水库年均出库水量 204.58 亿 m³、出库沙量 0.576 亿 t、出库含

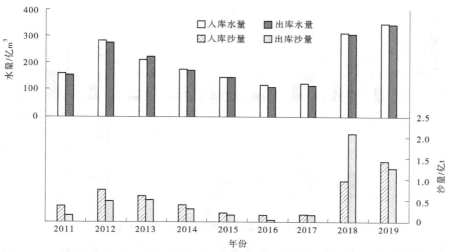

图 2-1　2011~2019 年万家寨水库进出库水沙量变化过程

沙量 2.82 kg/m³。受水库库容等条件限制,万家寨水库对水沙调节能力有限,出库水沙变化与入库基本一致。年出库水量最大为 344.69 亿 m³(2019 年),最小为 108.95 亿 m³(2016 年);年出库沙量最大为 2.092 亿 t(2018 年),最小为 0.041 亿 t(2016 年)。

2.1.2　水沙年内分配

2.1.2.1　汛期与非汛期分配

　　2011~2019 年万家寨水库汛期、非汛期平均入库水量分别为 105.15 亿 m³、103.47 亿 m³,分别占年入库水量的 50.4%、49.6%;汛期、非汛期平均入库沙量分别为 0.384 亿 t、0.182 亿 t,分别占年沙量的 67.8%、32.2%。从 2011~2019 年年内入库水沙量变化图(见图 2-2、图 2-3)可以得到,除汛期洪水较多的 2012 年、2018 年和 2019 年外,其他年份非汛期入库水量一般大于汛期;入库沙量年内分配与汛期洪水关系较大,在汛期洪水较多的年份,汛期来沙量较多,所占比例也较大,如 2018 年,汛期入库沙量占年沙量的 77.8%。

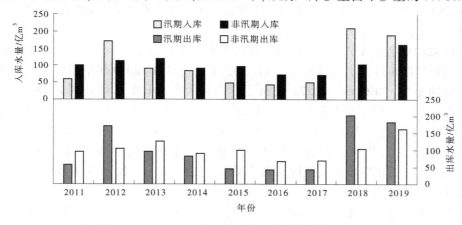

图 2-2　2011~2019 年万家寨水库年内水量变化过程

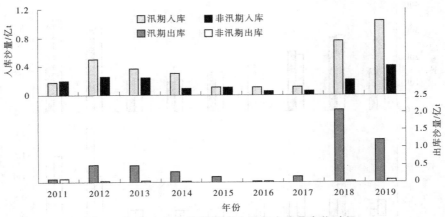

图 2-3　2011~2019 年万家寨水库年内沙量变化过程

2011~2019 年万家寨水库汛期、非汛期平均出库水量分别为 102.45 亿 m³、102.13 亿 m³，分别占年出库水量的 50.1%、49.9%；汛期、非汛期平均出库沙量分别为 0.550 亿 t、0.026 亿 t，分别占年出库沙量的 95.5%、4.5%。出库水量与来水量关系较大，在来水较多的汛期，相应的出库水量也较大。出库沙量不仅与来水来沙有关，而且与水库运用方式密切相关，在开展排沙运用的年份，汛期出库沙量明显，非汛期水库排沙较少。

2.1.2.2　水沙各月分配

2011~2019 年各月平均入库水沙量分别为 17.39 亿 m³、0.047 亿 t。各月入库水量变化较大，其中，汛期 8 月、9 月和凌汛开河期（3 月、4 月）来水量较大，非汛期的其他月份来水较少。2011~2019 年 8 月、9 月平均入库水量分别为 26.13 亿 m³、34.41 亿 m³，3 月、4 月平均入库水量分别为 17.91 亿 m³、13.88 亿 m³；非汛期其他月份平均入库水量为 11.95 亿 m³，最小为 9.94 亿 m³（5 月），最大为 13.40 亿 m³（11 月）。不同年份相同月份来水差别也较大，在汛期洪水较多的 2018 年，9 月水量为 69.08 亿 m³，位于各年同期之首，而 2015 年 9 月入库水量 14.66 亿 m³，为同期最小值。来沙主要集中在汛期，汛期以 8 月、9 月为多，2011~2019 年 8 月、9 月平均入库沙量分别为 0.100 亿 t、0.125 亿 t。2011~2019 年逐月入库水沙量统计见表 2-2 和表 2-3。

2011~2019 年各月平均出库水沙量分别为 17.05 亿 m³、0.048 亿 t。出库水量较大的月份出现在汛期 8 月、9 月和凌汛开河期（3 月、4 月）；2011~2019 年汛期 8 月、9 月平均出库水量分别为 25.79 亿 m³、32.73 亿 m³，3 月、4 月平均出库水量分别为 18.33 亿 m³、12.56 亿 m³。泥沙出库集中在 8 月、9 月，2011~2019 年 8 月、9 月平均出库沙量分别为 0.356 亿 t、0.148 亿 t；由于 2018 年、2019 年的 8 月、9 月洪水期开展长历时低水位运用，水库排沙较多，8 月出库沙量分别为 1.477 亿 t 和 0.949 亿 t，位居历年各月前两名。2011~2019 年逐月出库水沙量统计见表 2-4 和表 2-5。2011~2019 年万家寨水库逐月进出库水沙量对比见图 2-4。

从万家寨水库进出库水量对比来看，万家寨水库虽对来水过程有一定的调节，但由于万家寨库容较小，调节能力有限，出库水量变化趋势总体与入库相一致。

表 2-2　2011~2019 年万家寨水库逐月入库水量统计

单位：亿 m³

年份	11月	12月	1月	2月	3月	4月	5月	6月	7月	8月	9月	10月	平均
2011	11.42	9.92	10.08	10.64	20.33	18.3	9.50	10.21	10.88	11.38	24.02	13.13	13.32
2012	14.06	10.37	10.76	13.53	21.00	14.17	9.88	19.14	24.48	59.85	60.65	27.13	23.75
2013	16.18	9.50	13.94	15.72	24.97	15.16	7.72	17.62	18.56	27.82	29.37	15.56	17.68
2014	10.38	12.94	9.59	14.06	14.59	11.11	8.87	9.70	14.30	17.66	30.82	21.02	14.59
2015	14.98	9.11	14.00	13.83	15.96	12.74	7.30	8.82	10.36	9.37	14.66	13.66	12.07
2016	9.20	11.89	9.45	10.32	15.60	6.34	4.47	5.84	8.78	8.41	18.37	7.65	9.69
2017	7.40	10.47	9.70	10.72	14.59	8.11	5.08	5.69	8.59	9.06	18.58	13.94	10.16
2018	15.51	8.48	9.26	10.05	15.45	13.51	15.36	15.51	33.77	45.77	69.08	60.86	26.05
2019	21.48	14.75	14.88	16.49	18.68	25.46	21.29	28.08	61.79	45.87	44.15	37.02	29.16
平均	13.40	10.83	11.30	12.82	17.91	13.88	9.94	13.40	21.28	26.13	34.41	23.33	17.39

表 2-3　2011~2019 年万家寨水库干流逐月入库沙量统计

单位：亿 t

年份	11月	12月	1月	2月	3月	4月	5月	6月	7月	8月	9月	10月	平均
2011	0.018	0.009	0.003	0.004	0.060	0.067	0.012	0.023	0.015	0.041	0.100	0.025	0.031
2012	0.025	0.017	0.003	0.004	0.066	0.042	0.026	0.077	0.112	0.157	0.142	0.088	0.063
2013	0.025	0.004	0.005	0.006	0.094	0.043	0.007	0.062	0.066	0.116	0.145	0.039	0.051
2014	0.011	0.009	0.004	0.005	0.021	0.017	0.011	0.017	0.038	0.069	0.140	0.054	0.033
2015	0.020	0.005	0.004	0.004	0.028	0.029	0.006	0.010	0.019	0.019	0.037	0.031	0.018
2016	0.008	0.006	0.004	0.003	0.026	0.004	0.002	0.004	0.011	0.036	0.054	0.008	0.014
2017	0.005	0.008	0.004	0.003	0.024	0.008	0.002	0.003	0.009	0.010	0.064	0.031	0.014
2018	0.026	0.004	0.002	0.003	0.049	0.029	0.049	0.051	0.173	0.193	0.186	0.200	0.080
2019	0.048	0.013	0.003	0.005	0.035	0.089	0.065	0.146	0.329	0.261	0.254	0.187	0.120
平均	0.021	0.008	0.004	0.004	0.045	0.037	0.020	0.044	0.086	0.100	0.125	0.074	0.047

表 2-4　2011~2019 年万家寨水库逐月出库水量统计

单位：亿 m³

年份	11月	12月	1月	2月	3月	4月	5月	6月	7月	8月	9月	10月	平均
2011	10.36	11.09	7.97	10.17	22.13	14.83	9.41	10.26	10.94	9.23	24.07	12.54	12.75
2012	12.63	11.69	7.80	12.16	22.37	11.02	7.12	19.06	27.28	58.96	59.10	26.86	23.00
2013	18.39	8.55	13.08	16.81	27.45	15.42	7.06	19.66	21.18	28.59	30.42	15.17	18.48
2014	8.16	12.82	10.18	15.53	15.63	9.90	7.81	9.85	15.66	17.80	27.81	20.37	14.29
2015	14.81	8.75	15.15	15.52	17.41	12.03	6.30	9.61	10.69	8.80	13.58	11.79	12.04
2016	7.79	11.37	9.59	9.78	14.29	5.15	4.62	4.48	9.84	7.42	15.93	8.70	9.08
2017	6.60	11.19	9.12	10.11	13.75	8.46	4.08	6.75	7.52	8.15	16.81	10.52	9.42
2018	15.96	9.36	9.23	11.21	14.40	12.25	14.26	17.69	33.54	46.69	64.87	58.21	25.64
2019	23.75	14.31	15.15	17.05	17.53	24.00	20.90	29.00	59.52	46.48	41.95	35.05	28.72
平均	13.16	11.01	10.81	13.15	18.33	12.56	9.06	14.04	21.80	25.79	32.73	22.14	17.05

表 2-5　2011~2019 年万家寨水库逐月出库沙量统计

单位：亿 t

年份	11月	12月	1月	2月	3月	4月	5月	6月	7月	8月	9月	10月	平均
2011	0	0	0	0	0.072	0.005	0	0	0	0	0.084	0	0.013
2012	0	0	0	0	0.011	0.002	0	0	0.058	0.386	0.039	0	0.041
2013	0	0	0	0	0.034	0	0	0	0.016	0.241	0.222	0	0.043
2014	0	0	0	0	0.003	0	0	0	0	0.110	0.187	0	0.025
2015	0	0	0	0	0	0	0	0	0	0.014	0.142	0	0.013
2016	0	0.003	0	0	0.017	0	0	0	0	0.021	0	0	0.003
2017	0	0	0	0	0	0	0	0	0	0.009	0.150	0	0.013
2018	0	0	0	0	0.019	0	0	0	0.115	1.477	0.459	0.022	0.174
2019	0.001	0	0	0	0	0	0	0.068	0.176	0.949	0.049	0.026	0.106
平均	0	0	0	0	0.017	0.001	0	0.008	0.041	0.356	0.148	0.005	0.048

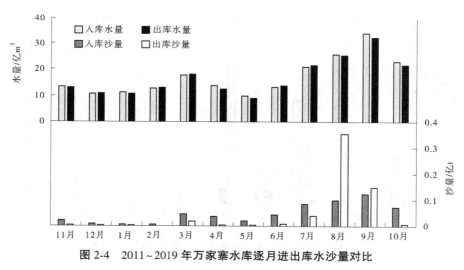

图 2-4   2011~2019 年万家寨水库逐月进出库水沙量对比

2.1.2.3   排沙期水沙条件

万家寨水库进入正常运用期以来,排沙主要集中在 8 月、9 月,期间入库含沙量一般小于 10 kg/m³,以下重点对 2011~2019 年 8 月、9 月入库水流条件进行分析。

2011~2019 年 8 月、9 月大多数年份来水较枯,仅 2012 年、2018 年和 2019 年出现流量大于 2 000 m³/s 的洪水过程,其他年份最大日均流量基本不超过 1 500 m³/s,各年排沙期日均入库流量过程见图 2-5。

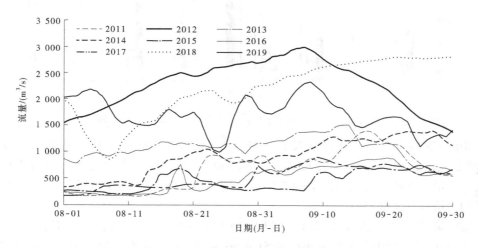

图 2-5   2011~2019 年万家寨水库排沙期入库流量过程

2011~2019 年 8 月、9 月各流量级出现天数及入库水沙量统计见图 2-6、图 2-7 和表 2-6、表 2-7。可以得到,2011~2019 年 8 月入库流量大于或等于 1 000 m³/s 的洪水平均出现 12.3 d,平均入库沙量 0.077 亿 t,占月沙量的 77.0%;入库流量介于 800~1 000 m³/s 的洪水平均出现 3.8 d,平均入库沙量 0.013 亿 t,占月沙量的 13%;流量小于 800 m³/s 的小水过程平均出现 14.8 d,平均沙量 0.010 亿 t。

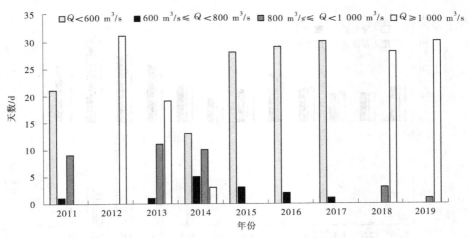

图 2-6　2011~2019 年 8 月干流入库各流量级出现天数

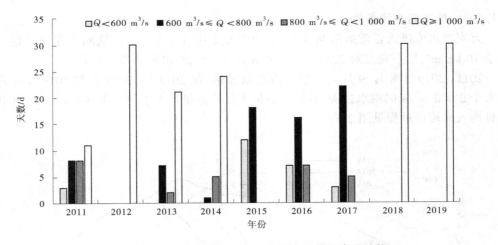

图 2-7　2011~2019 年 9 月干流入库各流量级出现天数

2011~2019 年 9 月入库流量大于 1 000 m³/s 的洪水平均出现 16.2 d,平均入库沙量 0.099 亿 t,占月沙量的 79.3%;入库流量介于 800~1 000 m³/s 的洪水平均出现 3.0 d,平均入库沙量 0.009 亿 t,占月沙量的 7.0%;流量小于 800 m³/s 的小水过程平均出现 10.8 d,平均沙量 0.017 亿 t。

总体来说,2011~2014 年、2018 年以及 2019 年的排沙期,入库洪水相对较多,入库流量大于 800 m³/s 的洪水平均每年出现 51 d,最少 28 d(2014 年);2015~2017 年同期入库洪水较少,2015 年未出现过流量大于 800 m³/s 的洪水,2016 年、2017 年分别为 7 d 和 5 d,且均小于 1 000 m³/s。

表 2-6 2011~2019 年 8 月入库各流量级出现天数及水沙量统计

年份	Q≥1000 m³/s				800 m³/s≤Q<1000 m³/s				600 m³/s≤Q<800 m³/s				Q<600 m³/s				合计	
	天数/d	水量/亿m³	沙量/亿t	沙量占月/%	天数/d	水量/亿m³	沙量/亿t	沙量占月/%	天数/d	水量/亿m³	沙量/亿t	沙量占月/%	天数/d	水量/亿m³	沙量/亿t	沙量占月/%	水量/亿m³	沙量/亿t
2011	0	0	0	0	9	6.86	0.034	82.9	1	0.59	0.004	9.8	21	3.93	0.003	7.3	11.38	0.041
2012	31	59.85	0.157	100.0	0	0	0	0	0	0	0	0	0	0	0	0	59.85	0.157
2013	19	18.30	0.082	70.7	11	8.85	0.032	27.6	1	0.67	0.002	1.7	0	0	0	0	27.82	0.116
2014	3	2.67	0.015	21.7	10	7.52	0.033	47.8	5	3.12	0.014	20.3	13	4.36	0.007	10.2	17.66	0.069
2015	0	0	0	0	0	0	0	0	3	1.71	0.007	36.8	28	7.66	0.012	63.2	9.37	0.019
2016	0	0	0	0	0	0	0	0	2	1.20	0.017	47.2	29	7.22	0.019	52.8	8.41	0.036
2017	0	0	0	0	0	0	0	0	1	0.64	0.003	33.3	30	8.42	0.006	66.7	9.06	0.009
2018	28	43.45	0.184	95.3	3	2.32	0.009	4.7	0	0	0	0	0	0	0	0	45.77	0.193
2019	30	45.01	0.258	98.9	1	0.86	0.003	1.1	0	0	0	0	0	0	0	0	45.87	0.261
平均	12.3	18.81	0.077	77.0	3.8	2.93	0.013	13	1.4	0.88	0.005	5	13.4	3.51	0.005	5	26.13	0.100

表 2-7 2011~2019 年 9 月干流入库各流量级出现天数及水沙量统计

年份	Q≥1000 m³/s				800 m³/s≤Q<1000 m³/s				600 m³/s≤Q<800 m³/s				Q<600 m³/s				合计	
	天数/d	水量/亿m³	沙量/亿t	沙量占月/%	天数/d	水量/亿m³	沙量/亿t	沙量占月/%	天数/d	水量/亿m³	沙量/亿t	沙量占月/%	天数/d	水量/亿m³	沙量/亿t	沙量占月/%	水量/亿m³	沙量/亿t
2011	11	11.61	0.059	59	8	6.02	0.021	21	8	4.88	0.017	17	3	1.50	0.003	3	24.02	0.100
2012	30	60.65	0.142	100.0	0	0	0	0	0	0	0	0	0	0	0	0	60.65	0.142
2013	21	23.45	0.125	86.2	2	1.58	0.007	4.8	7	4.33	0.013	9	0	0	0	0	29.37	0.145
2014	24	26.15	0.122	87.1	5	3.98	0.016	11.5	1	0.69	0.002	1.4	0	0	0	0	30.82	0.140
2015	0	0	0	0	0	0	0	0	18	10.58	0.030	81.1	12	4.08	0.007	18.9	14.66	0.037
2016	0	0	0	0	7	5.22	0.020	37.1	16	9.64	0.026	48.1	7	3.51	0.008	14.8	18.37	0.054
2017	0	0	0	0	5	3.69	0.015	23.4	22	13.35	0.045	70.3	3	1.53	0.004	6.3	18.58	0.064
2018	30	69.08	0.186	100.0	0	0	0	0	0	0	0	0	0	0	0	0	69.08	0.186
2019	30	44.15	0.254	100.0	0	0	0	0	0	0	0	0	0	0	0	0	44.15	0.254
平均	16.2	26.12	0.099	79.3	3.0	2.28	0.009	7.2	8.0	4.83	0.015	12	2.8	1.18	0.002	1.6	34.41	0.125

2.2 水库运用过程

按照供水结合发电调峰,同时兼有防洪、防凌等目标,万家寨水库进行了防洪、防凌、调水调沙及供水等一系列调度,2011~2019 年万家寨水库部分年份日均库水位变化过程见图 2-8。

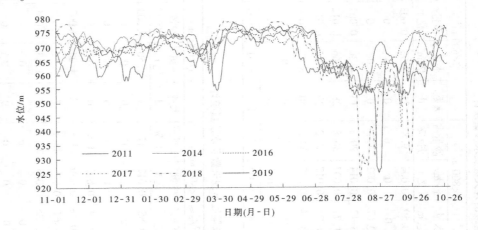

图 2-8 2011~2019 年万家寨水库部分年份日均库水位变化过程

万家寨水库进入正常运用期后,为了长期发挥综合效益,水库在保证供水发电的同时,排沙期也开展排沙运用。2011~2013 年排沙期排沙运用时库水位相对较高,最低为952.03 m(2013 年 8 月 18 日)。2014 年、2015 年、2017 年排沙运行期间库水位一般低于952 m,最低为 939.88 m(2015 年 9 月 23 日),但历时较短。

虽然 2011~2017 年排沙期万家寨水库进行过多次排沙运用,但水库仍以淤积为主。由于库区泥沙淤积较多,水库调洪库容明显减少。2018 年、2019 年排沙期,结合上游来水较丰,万家寨水库开展较长历时降水冲刷运用,降水冲刷历时分别为 28 d、7 d,最低运用水位分别为 923.38 m(2018 年 8 月 10 日)、925.09 m(2019 年 8 月 28 日)。

根据 2011~2019 年万家寨水库坝前日均水位统计,万家寨水库汛期最高水位为977.65 m(2018 年 10 月 28 日),最低为 923.38 m(2018 年 8 月 10 日);非汛期最高水位达到 978.89 m(2019 年 4 月 15 日),最低水位 954.89 m(2011 年 3 月 30 日),见表 2-8。

表 2-8 2011~2019 年万家寨水库特征水位

年份	非汛期				汛期			
	最高水位		最低水位		最高水位		最低水位	
	值/m	出现日期（月-日）	值/m	出现日期（月-日）	值/m	出现日期（月-日）	值/m	出现日期（月-日）
2011	978.05	06-11	954.89	03-30	971.62	08-30	952.66	09-24
2012	978.28	05-31	957.15	03-31	977.61	10-24	953.28	08-16
2013	978.04	06-05	955.84	03-24	971.89	07-01	952.03	08-18

续表 2-8

年份	非汛期				汛期			
	最高水位		最低水位		最高水位		最低水位	
	值/m	出现日期(月-日)	值/m	出现日期(月-日)	值/m	出现日期(月-日)	值/m	出现日期(月-日)
2014	978.09	05-19	960.38	11-01	975.09	10-01	949.02	09-18
2015	977.71	11-13	968.66	12-07	977.45	10-20	939.88	09-23
2016	977.75	04-17	962.06	03-22	975.71	10-01	955.25	08-19
2017	977.49	06-14	966.24	03-15	976.81	10-31	941.21	09-18
2018	979.99	04-06	965.14	03-18	977.65	10-28	923.38	08-10
2019	978.89	04-15	959.88	12-10	976.98	10-29	925.09	08-28

2011~2019 年万家寨水库排沙期不同水位运用天数统计见表 2-9。可以得到,2011~2019 年万家寨水库水位在 952 m 以下共运行了 42 d,主要集中在 2018 年和 2019 年,分别为 28 d 和 7 d,2014 年、2015 年和 2017 年分别为 2 d、2 d 和 3 d;库水位 952~957 m 之间共运行了 259 d,平均每年运行 29 d;库水位 957~966 m 之间共运行了 184 d,平均每年运行 20 d;库水位 966 m 以上共运行了 64 d,平均每年运行 7 d。2011~2019 年万家寨水库排沙期不同水位运行天数对比见图 2-9。

表 2-9　2011~2019 年万家寨水库排沙期不同水位运行天数统计　　　　单位:d

年份	952 m 以下	952 m≤H≤957 m	957 m<H≤966 m	H>966 m
2011	0	15	29	17
2012	0	26	17	18
2013	0	49	12	0
2014	2	34	17	8
2015	2	36	22	1
2016	0	2	39	20
2017	3	47	11	0
2018	28	24	9	0
2019	7	26	28	0
合计	42	259	184	64
平均	5	29	20	7

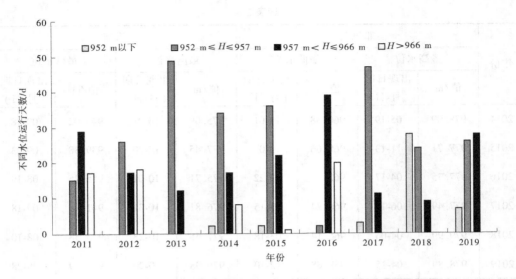

图 2-9　2011~2019 年万家寨水库排沙期不同水位运行天数对比

2.3 小　结

（1）2011~2019 年万家寨水库年均入库水量 208.62 亿 m³，入库沙量 0.566 亿 t。入库水沙年际变化较大，年入库水量最大为 349.94 亿 m³，最小为 116.32 亿 m³，分别出现在 2019 年和 2016 年；年入库沙量最大为 1.434 亿 t，最小为 0.164 亿 t。除汛期洪水较多的 2012 年、2018 年和 2019 年外，其他年份非汛期入库水量一般大于汛期。受水库库容限制，万家寨水库对水沙调节能力有限，出库水沙变化与入库基本一致，2011~2019 年万家寨水库年均出库水量 204.58 亿 m³，出库沙量 0.576 亿 t；水库排沙主要集中在排沙期（8 月、9 月）。

（2）2011~2019 年排沙期大多数年份来水较枯，仅 2012 年、2018 年和 2019 年出现流量大于 2 000 m³/s 的洪水过程，其他年份最大日均流量基本不超过 1 500 m³/s。其中 2015 年未出现过流量大于 800 m³/s 的洪水，2016 年、2017 年未出现过流量大于 1 000 m³/s。

（3）万家寨水库进入正常运用期后，为了长期发挥综合效益，水库进行了多次降水冲刷运用，但各年运用有所不同。2011~2013 年排沙期排沙运用时库水位相对较高，最低为 952.03 m；2014 年、2015 年、2017 年排沙运行期间最低库低于 952 m，但历时较短；2018 年、2019 年排沙期，洪水期水库开展较长历时降水冲刷运用，水位低且历时长，分别为 28 d、7 d，最低运用水位分别为 923.38 m、925.09 m。

第 3 章　万家寨水库排沙运用及
对库区冲淤的影响

万家寨水库 2011 年开始进行汛期排沙运用,至 2019 年共进行了 9 次排沙运用。排沙时间分别为 2011 年 9 月 5~29 日、2012 年 7 月 21 日至 9 月 29 日、2013 年 7 月 14 日至 9 月 30 日、2014 年 9 月 16~18 日、2015 年 9 月 22~25 日、2017 年 9 月 16~24 日、2018 年 8 月 8~27 日、2018 年 9 月 22~29 日和 2019 年 8 月 25 日至 9 月 1 日。9 次排沙运用期间,万家寨进出库沙量分别为 1.052 亿 t、3.911 亿 t,水库排沙比为 372%。本章主要分析 9 次排沙过程及其对库区年度冲淤的影响。

3.1　2011~2019 年水库排沙运用过程及影响因素

3.1.1　排沙运用过程

3.1.1.1　2011 年

对于多沙河流水库来说,库区水沙输移在回水末端以上库段为明流输沙,而回水区库段一般为壅水明流或壅水明流结合异重流输沙。2011 年汛前万家寨库区干流为三角洲淤积形态,三角洲顶点高程 947.36 m,距坝 9.14 km,9 月 5~29 日排沙运用期间库水位(万码头)在 952.7~967.3 m 变动。2011 年万家寨水库排沙运用期间库水位与干流深泓点纵剖面对比见图 3-1。

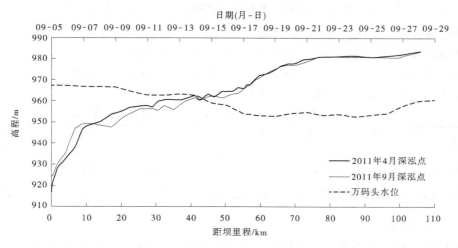

图 3-1　2011 年万家寨水库排沙运用期间库水位与干流深泓点纵剖面对比

图 3-2 为 2011 年 9 月 5~29 日万家寨水库排沙运用期间日均进出库流量、含沙量及

坝前水位变化过程。可以看出,9 月 9 日之前,入库水沙量相对较小,入库流量最大为 888 m³/s,含沙量最大为 3.30 kg/m³,库水位较高,均在 966.5 m 以上,回水末端距坝约 53 km,水库排沙较少,库区以淤积为主。从 10 日开始,入库流量、含沙量逐渐增大,库水位持续下降,出库含沙量增加;至 17 日,入库流量、含沙量分别增至 1 420 m³/s、5.77 kg/m³,库水位降至 954.02 m,回水末端距坝约 20 km,出库含沙量随库水位的降低而逐步增加,为 11 kg/m³。20~21 日,随入库流量减小及库水位抬升,出库含沙量迅速减小。22 日开始水位再次下降,24 日降至最低值 952.66 m 时,出库含沙量迅速增加至 14.8 kg/m³,之后随入库流量进一步减小及水位抬升,出库含沙量迅速降低,29 日排沙运用结束,水库不再排沙。对比汛前与汛后库区纵剖面可以发现,汛期库区淤积三角洲顶坡段冲刷,前坡段淤积,三角洲顶点向坝前推进。

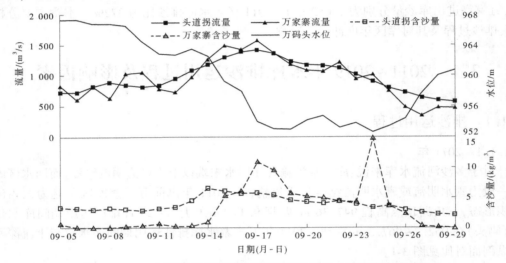

图 3-2　2011 年万家寨水库排沙运用期间进出库水沙及库水位过程

整个排沙运用期间,入库水量、沙量分别为 20.94 亿 m³、0.088 亿 t,平均流量、含沙量分别为 969.6 m³/s、4.20 kg/m³;出库水量、沙量分别为 20.35 亿 m³、0.084 亿 t,平均流量、含沙量分别为 941.9 m³/s、4.13 kg/m³;水库排沙比为 95.5%。2011 年 9 月 5~29 日万家寨水库进出库水沙参数统计见表 3-1。

表 3-1　2011 年 9 月 5~29 日万家寨水库进出库水沙参数统计

项目	最大流量/（m³/s）	平均流量/（m³/s）	最大含沙量/（kg/m³）	平均含沙量/（kg/m³）	水量/亿 m³	沙量/亿 t
入库	1 420	969.6	6.54	4.20	20.94	0.088
出库	1 570	941.9	14.80	4.13	20.35	0.084

3.1.1.2　2012 年

2012 年汛前万家寨库区干流淤积三角洲顶点高程为 950.25 m,距坝 9.14 km,7 月 21 日至 9 月 29 日排沙运用期间库水位在 953.3~974.7 m 变动。2012 年万家寨水库排沙运用期间库水位与库区干流深泓点纵剖面对比见图 3-3。

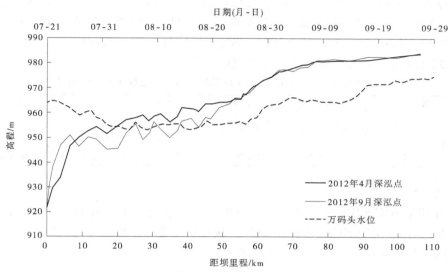

图 3-3　2012 年万家寨水库排沙运用期间库水位与库区干流深泓点纵剖面对比

图 3-4 为 2012 年 7 月 21 日至 9 月 29 日万家寨水库排沙运用期间日均进出库流量、含沙量及坝前水位变化过程。可以看出,7 月 25 日之前,入库流量持续在 1 000 m³/s 以下,库水位高于 962.4 m,回水末端距坝超过 38 km,壅水输沙距离较长,库区以淤积为主,出库含沙量较小。25 日之后,随着入库流量、含沙量的增加以及库水位的不断下降,出库含沙量逐渐增加;至 8 月 1 日,入库流量为 1 550 m³/s,含沙量为 7.60 kg/m³,库水位降至 955.2 m,回水末端距坝约 20 km,回水区以上库段发生冲刷,出库含沙量增至 16.0 kg/m³。之后至 8 月 26 日,入库流量持续增加,坝前水位在 953.3~956.8 m 波动,库区不断冲刷,最大出库含沙量达到 20.4 kg/m³(8 月 6 日),8 月 27 日水库开始蓄水,库水位抬升,出库含沙量减小,当库水位超过 963.7 m 时,含沙量均在 1.00 kg/m³ 以下。

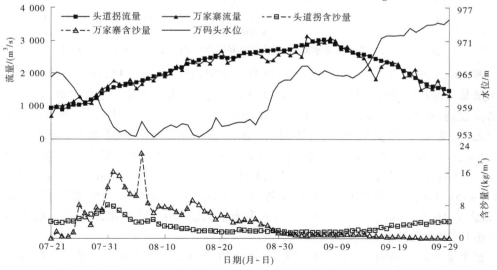

图 3-4　2012 年万家寨水库排沙运用期间进出库水沙量及库水位变化过程

　　整个排沙运用期间,入库水量、沙量分别为 129.77 亿 m³、0.351 亿 t,平均流量、含沙量分别为 2 115.4 m³/s、2.70 kg/m³;出库水量、沙量分别为 127.90 亿 m³、0.481 亿 t,平均流量、含沙量分别为 2 084.9 m³/s、3.76 kg/m³;水库排沙比为 137.0%。2012 年 7 月 21 日至 9 月 29 日万家寨水库进出库水沙参数统计见表 3-2。

表 3-2　2012 年 7 月 21 日至 9 月 29 日万家寨水库进出库水沙参数统计

项目	最大流量/ (m³/s)	平均流量/ (m³/s)	最大含沙量/ (kg/m³)	平均含沙量/ (kg/m³)	水量/ 亿 m³	沙量/ 亿 t
入库	3 010	2 115.4	8.05	2.70	129.77	0.351
出库	3 140	2 084.9	20.40	3.76	127.90	0.481

3.1.1.3　2013 年

　　2013 年汛前万家寨库区干流淤积三角洲顶点高程为 948.91 m,距坝 3.93 km,7 月 14 日至 9 月 30 日排沙运用期间库水位在 952.0~966.0 m 变动。2013 年万家寨水库排沙运用期间库水位与干流深泓点纵剖面对比见图 3-5。

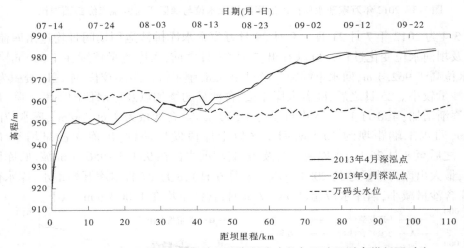

图 3-5　2013 年万家寨水库排沙运用期间库水位与干流深泓点纵剖面对比

　　图 3-6 为 2013 年 7 月 14 日至 9 月 30 日万家寨水库排沙运用期间日均进出库流量、含沙量及坝前水位变化过程。可以看出,8 月 4 日之前,入库流量基本在 900 m³/s 以下,库水位较高,在 962.3 m 以上,回水末端距坝超过 38 km,库区壅水排沙,出库含沙量较小。之后,随着库水位的不断下降,出库含沙逐渐增加;至 8 月 8 日,库水位降至 957.2 m,回水末端下移至距坝约 25 km,回水区以上库段发生冲刷,出库含沙量达到 9.78 kg/m³。之后入库流量持续增加,至 9 月 14 日入库流量达到 1 520 m³/s,库水位维持在 952.0~957.3 m,库区发生持续冲刷,出库含沙量随入库水流条件及库水位变化不断调整,最大为 16.8 kg/m³。9 月 15 日之后,入库流量明显减小,24 日水库开始蓄水,库水位不断抬升,出库含沙量迅速减小。

　　整个排沙运用期间,入库水量、沙量分别为 70.33 亿 m³、0.318 亿 t,平均流量、含沙量分别为 1 030.3 m³/s、4.52 kg/m³;出库水量、沙量分别为 72.99 亿 m³、0.474 亿 t,平均流

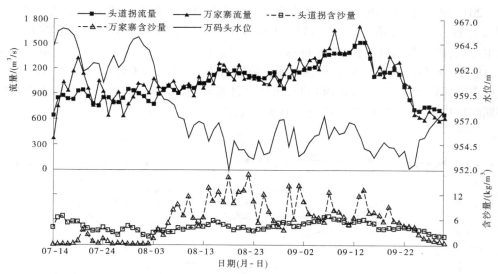

图 3-6　2013 年万家寨水库排沙运用期间进出库水沙量及库水位变化过程

量、含沙量分别为 1 069.4 m³/s、6.49 kg/m³；水库排沙比为 149.1%。2013 年 7 月 14 日至 9 月 30 日万家寨水库进出库水沙参数统计见表 3-3。

表 3-3　2013 年 7 月 14 日至 9 月 30 日万家寨水库进出库水沙参数统计

项目	最大流量/ (m³/s)	平均流量/ (m³/s)	最大含沙量/ (kg/m³)	平均含沙量/ (kg/m³)	水量/ 亿 m³	沙量/ 亿 t
入库	1 520	1 030.3	6.910	4.52	70.33	0.318
出库	1 720	1 069.4	16.800	6.49	72.99	0.474

3.1.1.4　2014 年

2014 年汛前万家寨库区干流淤积三角洲顶点高程 948.8 m，距坝 3.92 km，9 月 16～18 日排沙运用期间库水位在 949.0～952.4 m 变动。2014 年万家寨水库排沙运用期间库水位与干流深泓点纵剖面对比见图 3-7。

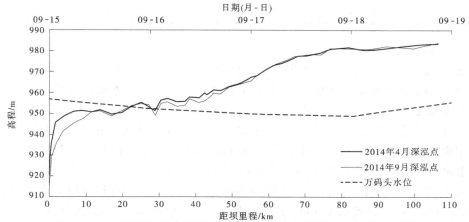

图 3-7　2014 年万家寨水库排沙运用期间库水位与干流深泓点纵剖面对比

2014 年 9 月 16~18 日万家寨水库排沙运用期间头道拐水文站流量基本在 1 200 m³/s 左右,库水位逐步下降,16 日降至 952.4 m,回水末端距坝约 20 km,回水区以上库段发生冲刷,出库含沙量达到 27.6 kg/m³。之后随库水位继续下降,出库含沙量呈增大趋势,18 日库水位降至 949.0 m,坝前溯源冲刷结合沿程冲刷,出库含沙量增至 49.2 kg/m³;之后水库开始蓄水,库水位快速抬升,出库含沙量迅速减小。2014 年万家寨水库排沙运用期间日均进出库流量、含沙量及坝前水位变化过程见图 3-8。

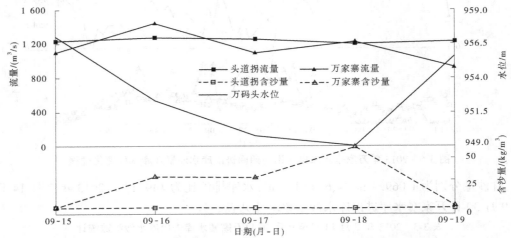

图 3-8　2014 年万家寨水库排沙运用期间日均进出库水沙量及库水位变化过程

整个排沙运用期间,入库水量、沙量分别为 3.21 亿 m³、0.014 亿 t,平均流量、含沙量分别为 1 240.0 m³/s、4.36 kg/m³;出库水量、沙量分别为 3.24 亿 m³、0.112 亿 t,平均流量、含沙量分别为 1 250.0 m³/s、34.60 kg/m³;水库排沙比为 800.0%。2014 年 9 月 16~18 日进出库水沙参数统计见表 3-4。

表 3-4　2014 年 9 月 16~18 日万家寨水库进出库水沙参数统计

项目	最大流量/ (m³/s)	平均流量/ (m³/s)	最大含沙量/ (kg/m³)	平均含沙量/ (kg/m³)	水量/ 亿 m³	沙量/ 亿 t
入库	1 270	1 240.0	4.68	4.36	3.21	0.014
出库	1 440	1 250.0	49.20	34.60	3.24	0.112

3.1.1.5　2015 年

2015 年汛前万家寨库区干流淤积三角洲顶点高程 950.7 m,距坝 11.7 km,9 月 22~25 日排沙运用期间库水位在 939.9~957.1 m 变动。2015 年万家寨水库排沙运用期间库水位与干流深泓点纵剖面对比见图 3-9。

2015 年万家寨水库排沙运用初期(9 月 22 日),入库流量为 675 m³/s,含沙量为 3.17 kg/m³,库水位为 955.2 m,回水末端距坝约 30 km,回水区以上库段发生沿程冲刷。由于水库壅水输沙距离较长,壅水段泥沙落淤,出库含沙量较小。之后,23 日库水位迅速降至 939.9 m,低于三角洲顶点 10 m 以上,回水末端距坝约 3 km,三角洲顶点以上产生剧烈的溯源冲刷,出库含沙量迅速增至 144 kg/m³;24 日水库开始蓄水,库水位抬升,出库含沙量减小。至 25 日运行结束,出库含沙量降至 6.25 kg/m³。2015 年万家寨水库排沙运用期

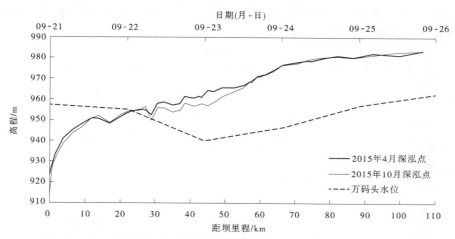

图 3-9　2015 年万家寨水库排沙运用期间库水位与干流深泓点纵剖面对比

间日均进出库流量、含沙量及坝前水位变化过程见图 3-10。

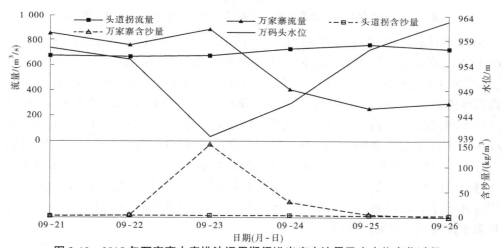

图 3-10　2015 年万家寨水库排沙运用期间进出库水沙量及库水位变化过程

　　整个排沙运用期间,入库水量、沙量分别为 2.45 亿 m^3、0.009 亿 t,平均流量、含沙量分别为 709.0 m^3/s、3.67 kg/m^3;出库水量、沙量分别为 2.00 亿 m^3、0.125 亿 t,平均流量、含沙量分别为 577.8 m^3/s、62.50 kg/m^3;水库排沙比为 1 388.9%。2015 年 9 月 22~25 日万家寨水库进出库水沙参数统计见表 3-5。

表 3-5　2015 年 9 月 22~25 日万家寨水库进出库水沙参数统计

项目	最大流量/ (m^3/s)	平均流量/ (m^3/s)	最大含沙量/ (kg/m^3)	平均含沙量/ (kg/m^3)	水量/ 亿 m^3	沙量/ 亿 t
入库	764	709.0	4.05	3.67	2.45	0.009
出库	885	577.8	144.00	62.50	2.00	0.125

3.1.1.6　2017 年

　　2017 年汛前万家寨库区干流淤积三角洲顶点高程 952.5 m,距坝 9.14 km,9 月 16~

24 日排沙运用期间库水位在 941.2~964.3 m 变动。2017 年万家寨水库排沙运用期间库水位与干流深泓点纵剖面对比见图 3-11。

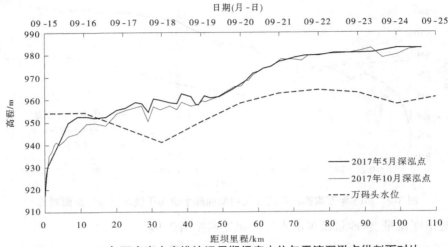

图 3-11　2017 年万家寨水库排沙运用期间库水位与干流深泓点纵剖面对比

2017 年万家寨水库排沙运用初期(9 月 16 日),入库流量、含沙量分别为 751 m³/s、3.65 kg/m³,坝前水位为 954.2 m,回水末端距坝约 20 km,回水区以上库段发生沿程冲刷,出库含沙量为 6.56 kg/m³,由于三角洲顶点以上壅水输沙距离较长,达到 10 km,壅水库段泥沙落淤,出库含沙量虽有所增加,但增加量不大。17 日库水位迅速降至 947.1 m,低于三角洲顶点,三角洲顶点以上库段产生剧烈的溯源冲刷,出库含沙量迅速增至 84.7 kg/m³;18 日库水位降至 941.2 m,库区继续冲刷,虽冲刷效率有所下降,但冲刷量仍然较大,出库含沙量为 50.9 kg/m³。之后,水库蓄水,库水位快速抬升,出库含沙量迅速减小;至 9 月 20 日,库水位抬升至 958.5 m,出库含沙量降至 3.05 kg/m³,24 日排沙运用结束时出库含沙量降至 2.77 kg/m³。2017 年万家寨水库排沙运用期间日均进出库流量、含沙量及坝前水位变化过程见图 3-12。

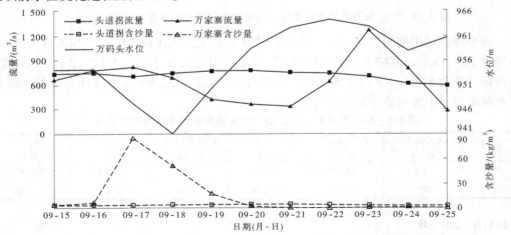

图 3-12　2017 年万家寨水库排沙运用期间进出库水沙量及库水位变化过程

整个排沙运用期间,入库水量、沙量分别为 5.70 亿 m³、0.022 亿 t,平均流量、含沙量分别为 732.7 m³/s、3.88 kg/m³;出库水量、沙量分别为 5.30 亿 m³、0.104 亿 t,平均流量、含沙量分别为 681.8 m³/s、19.60 kg/m³;水库排沙比为 472.7%。2017 年 9 月 16~24 日万家寨水库进出库水沙参数统计见表 3-6。

表 3-6 2017 年 9 月 16~24 日万家寨水库进出库水沙参数统计

项目	最大流量/ (m³/s)	平均流量/ (m³/s)	最大含沙量/ (kg/m³)	平均含沙量/ (kg/m³)	水量/ 亿 m³	沙量/ 亿 t
入库	780	732.7	4.67	3.88	5.70	0.022
出库	1 280	681.8	84.70	19.60	5.30	0.104

3.1.1.7 2018 年

2018 年排沙期万家寨水库共开展了两次排沙运用,时间分别为 8 月 8~27 日、9 月 22~29 日,历时合计 28 d。

1. 第 1 次(8 月 8~27 日)

2018 年汛前万家寨水库干流淤积三角洲顶点高程 937.5 m,距坝 1.76 km,8 月 8~27 日排沙运用期间水位在 923.4~948.8 m 变动。2018 年万家寨水库第 1 次排沙运用期间库水位与库区干流深泓点纵剖面对比见图 3-13。

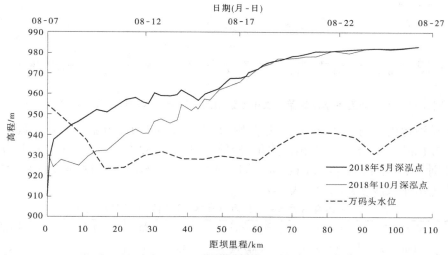

图 3-13 2018 年万家寨水库第 1 次排沙运用期间库水位与库区干流深泓点纵剖面对比

冲沙运行初期,万家寨入库流量相对较小,8 月 7~9 日连续 3 d 平均流量为 896 m³/s,其中最大、最小日均流量分别为 924 m³/s 和 851 m³/s;之后,入库流量大于 1 000 m³/s,且呈现出不断增大的趋势;8 月 13 日起日均流量增大至 1 500 m³/s 以上,8 月 19~25 日持续超过 2 000 m³/s。万家寨水库 8 月 8 日持续加大下泄流量,库水位降至 950 m 以下,日均库水位 946.7 m,回水末端距坝约 9 km,回水区以上库段发生冲刷,日均出库含沙量由 8 月 7 日的 10.4 kg/m³ 迅速增加至 8 月 8 日的 83.3 kg/m³;8 月 9 日,日均库水位降至 937.6 m,与三角洲顶点高程接近,三角洲顶点以上产生强烈的溯源冲刷,出库含沙量增至 103 kg/m³;8 月 10 日降至本次冲沙最低日均水位 923.4 m,出库含沙量增至 122 kg/m³,为本次冲沙期最大的日均出库含沙量。之后,库水位维持在 930 m 附近运行,库区继续冲刷,出库含沙量维持在 42.6～63.1 kg/m³;8 月 19 日,库水位缓慢升高,8 月 20～22 日,库水位回升至 940 m 以上运行,出库含沙量明显下降,为 14～15.5 kg/m³。8 月 24 日库水位降至 930.8 m,出库含沙量升至 46.8 kg/m³,相比 8 月 22 日出库含沙量增加了 32.4 kg/m³,这说明库水位回升削弱了库区的冲刷强度。8 月 24 日以后,万家寨库水位稳定回升,至 8 月 27 日 8 时 45 分回升至 948 m 以上,8 月 27 日 23 时 40 分回升至 952 m 以上,出库含沙量降至 5.83 kg/m³,冲沙运行结束。2018 年万家寨水库第 1 次排沙运用期间日均进出库流量、含沙量及坝前水位变化过程见图 3-14。

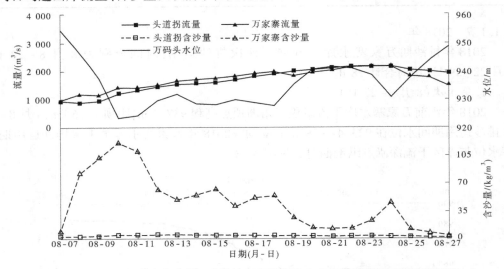

图 3-14　2018 年万家寨水库第 1 次排沙运用期间进出库水沙量及库水位变化过程

整个排沙运用期间,入库水量、沙量分别为 29.74 亿 m³、0.129 亿 t,平均流量、含沙量分别为 1 721 m³/s、4.35 kg/m³;出库水量、沙量分别为 30.32 亿 m³、1.355 亿 t,平均流量、含沙量分别为 1 755 m³/s、44.71 kg/m³;水库排沙比为 1 050%。2018 年 8 月 8～27 日万家寨水库进出库水沙参数统计见表 3-7。

表 3-7　2018 年 8 月 8～27 日万家寨水库进出库水沙参数统计

项目	最大流量/（m³/s）	平均流量/（m³/s）	最大含沙量/（kg/m³）	平均含沙量/（kg/m³）	水量/亿 m³	沙量/亿 t
入库	2 170	1 721	6.06	4.35	29.74	0.129
出库	2 190	1 755	122.00	44.71	30.32	1.355

2. 第 2 次(9 月 22～29 日)

8 月下旬至 9 月中旬,万家寨水库入库流量持续在 2 000 m³/s 以上,万家寨水库回水末端以上河道持续出现冲刷,水库运用水位相对较高,入库泥沙及水库回水末端以上库段冲刷的泥沙绝大部分淤积在水库的近坝段。为将近坝段淤积泥沙排出库外,万家寨水库利用入库洪水于 9 月 22～29 日开展了第 2 次排沙运用。

2018 年万家寨水库第 2 次排沙运用期间日均进出库流量、含沙量及坝前水位变化过程见图 3-15。可以看出,万家寨水库第 2 次排沙运行初期(9 月 22 日),入库流量、含沙量分别为 2 830 m³/s 和 2.2 kg/m³,库水位 951.1 m,出库含沙量仅 2.46 kg/m³;之后万家寨水库逐渐增大出库流量,库水位不断降低,最低日均水位达 931.8 m。本次冲沙调度期,头道拐站流量一直在 2 800 m³/s 以上,入库流量较大,水动力条件较强,但受第 1 次排沙的影响,冲刷效果相对减弱,日均出库含沙量最高为 50.50 kg/m³。为保证山西引黄工程从 10 月 1 日起正常供水,9 月 25 日万家寨、龙口等水库联合排沙调度进入回蓄阶段。万家寨水库 28 日 10 时 30 分开始蓄水,29 日 14 时 50 分库水位回升至 952.00 m 以上。

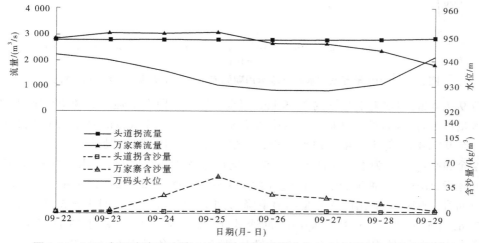

图 3-15　2018 年万家寨水库第 2 次排沙运用期间进出库水沙量及库水位变化过程

整个排沙运用期间,入库水量、沙量分别为 19.46 亿 m³ 和 0.053 亿 t,平均流量、含沙量分别为 2 815 m³/s 和 2.73 kg/m³;出库水量、沙量分别为 18.76 亿 m³ 和 0.360 亿 t,平均流量、含沙量分别为 2 714 m³/s 和 19.18 kg/m³;水库排沙比为 679%。2018 年 9 月 22~29 日万家寨水库进出库水沙参数统计见表 3-8。

表 3-8　2018 年 9 月 22~29 日万家寨水库进出库水沙参数统计

项目	最大流量/ (m³/s)	平均流量/ (m³/s)	最大含沙量/ (kg/m³)	平均含沙量/ (kg/m³)	水量/ 亿 m³	沙量/ 亿 t
入库	2 840	2 815	3.11	2.73	19.46	0.053
出库	3 090	2 714	50.05	19.18	18.76	0.360

3.1.1.8　2019 年

2019 年汛前淤积三角洲顶点高程 928.8 m,距坝 0.69 km,8 月 25 日至 9 月 1 日排沙运用期间库水位在 925.1~947.4 m 变动。2019 年万家寨水库排沙运用期间库水位与干流深泓点纵剖面对比见图 3-16。

2019 年排沙运行初期(8 月 25~26 日),万家寨日均入库流量约为 1 000 m³/s;8 月 27 日入库流量增至 1 580 m³/s;8 月 28 日持续增大至 1 900 m³/s,8 月 29~30 日持续超过 2 000 m³/s。万家寨水库 8 月 25 日开始持续加大下泄流量,库水位降至 950 m 以下,日均

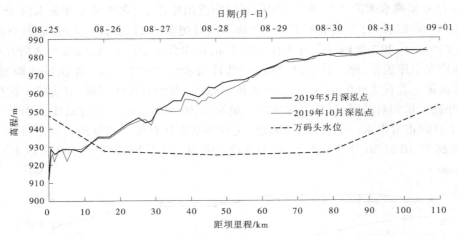

图 3-16　2019 年万家寨水库排沙运用期间库水位与干流深泓点纵剖面对比

库水位 947.4 m,回水末端距坝约 22.9 km,回水区以上库段发生强烈的溯源冲刷,日均出库含沙量由 8 月 24 日的 2.2 kg/m³ 迅速增至 8 月 25 日的 132 kg/m³;8 月 26 日,日均库水位降至 927.4 m,低于三角洲顶点高程,库区发生溯源冲刷的库段进一步扩大,出库含沙量增至 300 kg/m³,为本次冲沙期最大的日均出库含沙量。之后,库水位维持在 926.4 m 附近运行,库区持续冲刷,出库含沙量由 64.8 kg/m³ 逐渐降至 28.2 kg/m³;8 月 31 日,库水位回升至 939.5 m,出库含沙量明显下降,为 16.5 kg/m³。至 9 月 1 日 5 时 47 分回升至 952 m,出库含沙量降至 3.37 kg/m³,冲沙运行结束。从 2019 年 8 月 25 日至 9 月 1 日万家寨水库冲沙期日均进出库流量、含沙量及坝前水位变化过程见图 3-17。

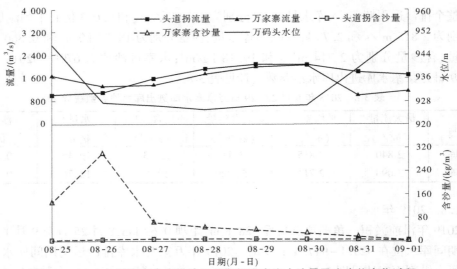

图 3-17　2019 年万家寨水库排沙运用期间进出库水沙量及库水位变化过程

整个排沙运用期间,入库水量、沙量分别为 11.44 亿 m³、0.068 亿 t,平均流量、含沙量分别为 1 656 m³/s、5.96 kg/m³;出库水量、沙量分别为 10.64 亿 m³、0.816 亿 t,平均流量、含沙量分别为 1 539 m³/s、76.72 kg/m³;水库排沙比为 1 200%。2019 年 8 月 25 日至 9 月 1 日万家寨水库进出库水沙参数统计见表 3-9。

表 3-9　2019 年 8 月 25 日至 9 月 1 日万家寨水库进出库水沙参数统计

项目	最大流量/ (m³/s)	平均流量/ (m³/s)	最大含沙量/ (kg/m³)	平均含沙量/ (kg/m³)	水量/ 亿 m³	沙量/ 亿 t
入库	2 080	1 656	7.74	5.96	11.44	0.068
出库	2 050	1 539	300.00	76.72	10.64	0.816

3.1.2　排沙效果影响因素分析

万家寨水库排沙主要集中在汛期排沙运用期间,尤其是低水位排沙运用。2011~2019 年 9 次排沙运用期间,累计入库沙量 1.052 亿 t,占相应年份汛期累计入库沙量的31.4%,占相应年份累计入库沙量的 21.4%。9 次排沙运用累计出库沙量 3.911 亿 t,占相应年份汛期累计出库沙量的 79.3%,占相应年份累计出库沙量的 76.0%;9 次排沙运用期间,库区以冲刷为主,库区累计冲刷 2.859 亿 t。受 9 次排沙运用的影响,除 2011 年、2012 年汛期发生少量淤积外,其他年份汛期均发生冲刷,合计冲刷量为 1.696 亿 t;对于整个运用年来说,除 2018 年发生冲刷外,其他年份均发生淤积。2011~2019 年万家寨水库 9 次排沙运用期间各站沙量见表 3-10。

万家寨水库排沙效果与入库水沙、水库调度运用、边界条件等因素密切相关。由于各种因素影响,库区各年排沙效果又有所不同。2011 年、2012 年和 2019 年淤积相对较多,分别为 0.215 亿 t、0.264 亿 t 和 0.165 亿 t,分别占相应年份来沙量的 57.2%、34.7% 和11.5%;其他年份淤积相对较少或处于冲刷状态,如 2015 年、2017 年,淤积量分别为0.055 亿 t、0.012 亿 t,2018 年冲刷 1.126 亿 t。

水库排沙运用期间,入库水沙条件主要受天然洪水以及上游水库调节影响,边界条件主要是前期淤积,这两者一般情况下不易控制,而水库自身调度空间相对灵活。在入库水沙及边界条件一定的情况下,较低的运用水位意味着较短的壅水输沙距离和较长的冲刷距离,更能取得相对更好的排沙效果。表 3-11 给出了万家寨水库 9 次排沙运用的相关参数。可以得到:2011~2013 年虽然排沙运行时间较长,但排沙运用水位较高,最低水位不低于水库设计排沙运用水位 952.0 m,平均高于三角洲顶点 6~12 m,回水长度 30~44 km,库区发生冲刷或微淤,水库排沙比为 95.5%~149.1%。而其他年份排沙运用水位相对较低,最低水位均明显低于 952 m,回水长度小于 20 km,且排沙最低水位较低,水库排沙比为 472.7%~1 388.9%。

水库排沙运用期间,冲刷的主要是库区泥沙,因此库区地形条件也直接影响水库排沙效果。2011 年与 2013 年相比,两次日均入库流量、含沙量相差不大,回水长度接近,而2013 年万家寨水库排沙效果明显优于前者。分析发现,2013 年库区三角洲顶点距坝较近,为 6.58 km(见图 3-18),明显小于 2011 年的 9.14 km,三角洲顶点高程 951.66 m,也明显高于 2011 年的 947.36 m,而且 2013 年排沙运用期间平均水位低于 2011 年,最低日均水位 952 m 接近三角洲顶点高程 951.66 m,当库水位降低时,2013 年的地形条件能够提供更多可冲刷的沙源;此外,2013 年水量相对较丰,排沙期也较长,因此 2013 年排沙效果优于 2011 年。

表 3-10 2011~2019 年万家寨水库不同时段进出库沙量及冲淤量统计

		2011	2012	2013	2014	2015	2017	2018	2018	2019	合计
起止日期(月-日)		09-05~29	07-21~09-29	07-14~09-30	09-16~18	09-22~25	09-16~24	08-08~27	09-22~29	08-25~09-01	—
历时/d		25	71	79	18	4	9	20	8	8	227
头道拐站	年沙量/亿t	0.376	0.76	0.612	0.396	0.211	0.171		0.966	1.434	4.926
	汛期沙量/亿t	0.181	0.5	0.366	0.3	0.105	0.114		0.752	1.031	3.349
	排沙运用期间 沙量/亿t	0.088	0.351	0.318	0.014	0.009	0.022	0.129	0.053	0.068	1.052
	占汛期/%	48.6	70.2	86.9	4.7	8.6	19.3	17.2	7.0	6.6	31.4
	占年/%	23.4	46.2	52	3.5	4.3	12.9	13.4	5.5	4.7	21.4
万家寨站	年沙量/亿t	0.161	0.496	0.513	0.3	0.156	0.159		2.092	1.269	5.146
	汛期沙量/亿t	0.084	0.483	0.479	0.297	0.156	0.159		2.073	1.200	4.931
	排沙运用期间 沙量/亿t	0.084	0.481	0.474	0.112	0.125	0.104	1.355	0.36	0.816	3.911
	占汛期/%	100	99.6	99	37.7	80.1	65.4	65.4	17.4	68	79.3
	占年/%	52.2	97	92.4	37.3	80.1	65.4	64.8	17.2	64.3	76.0
万家寨库区	年淤积/亿t	0.215	0.264	0.099	0.096	0.055	0.012	-1.126		0.165	-0.220
	汛期淤积/亿t	0.097	0.017	-0.113	0.003	-0.051	-0.045	-1.321		-0.169	-1.582
	排沙运用期间淤积/亿t	0.004	-0.130	-0.156	-0.098	-0.116	-0.082	-1.226	-0.307	-0.748	-2.859
	年淤积占年来沙量/%	57.2	34.7	16.2	24.2	26.1	7.0	-116.6		11.5	-4.5

表 3-11　2011~2019 年万家寨水库排沙运用期间水沙、边界及调度条件参数统计

	年份	2011	2012	2013	2014	2015	2017	2018	2018	2019	合计
	起止日期（月-日）	09-05~29	07-21~29	07-14~09-30	09-16~18	09-22~25	09-16~24	08-08~27	09-22~29	08-25~09-01	—
头道拐站	水量/亿 m³	20.94	129.77	70.33	3.21	2.45	5.7	29.74	19.46	11.44	293.04
	沙量/亿 t	0.088	0.351	0.318	0.014	0.009	0.022	0.129	0.053	0.068	1.052
	平均流量/(m³/s)	969.6	2 115.4	1 030.3	1 240	709	732.7	1 721	2 815	1 656	1 494
	平均含沙量/(kg/m³)	4.22	2.71	4.52	4.44	3.52	3.88	4.35	2.73	5.96	3.59
万家寨站	水量/亿 m³	20.35	127.9	72.99	3.24	2	5.3	30.32	18.76	10.64	291.5
	沙量/亿 t	0.084	0.481	0.474	0.112	0.125	0.104	1.355	0.36	0.816	3.911
	平均流量/(m³/s)	941.9	2 084.9	1 069.4	1 250	577.8	681.8	1 755	2 714	1 539	1 486
	平均含沙量/(kg/m³)	4.13	3.76	6.49	34.5	62.6	19.67	44.71	19.18	76.72	13.42
万家寨库区	汛前三角洲顶点　高程/m	947.36	954.3	951.66	950.75	950.74	952.5	952.01		928.84	—
	汛前三角洲顶点　距坝里程/km	9.14	13.99	6.58	6.58	11.704	9.14	13.99		0.69	—
	水位/m　最高值	967.3	974.7	966	952.4	957.1	964.3	948.83	951.06	952.49	—
	水位/m　最低值	952.7	953.3	952	949	939.9	941.2	923.38	931.84	925.06	—
	水位/m　平均值	959.3	962	957.6	950.4	949.6	955.5	934.71	940.59	933.89	—
	日均回水长度/km	30.15	43.97	30.01	6.08	10.6	20.24	1.37	3.98	12.92	—
	日均水位-顶点高程/m	11.95	7.7	5.94	-0.35	-1.14	3	-17.3	-11.42	5.05	—
	淤积量/亿 t	0.004	-0.13	-0.156	-0.098	-0.116	-0.082	-1.226	-0.307	-0.748	-2.859
	排沙比/%	95.5	137	149.1	800	1 388.9	472.7	1 046.8	678.1	1 197.4	371.8

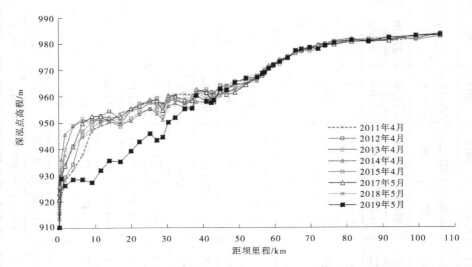

图 3-18　2011~2019 年万家寨水库排沙运行前干流深泓点纵剖面

水流动力是影响水库排沙效果的另一主要因素,流量越大,水流动力越大,排沙效果越好。2012 年与 2013 年相比,虽然 2012 年排沙运用期间平均库水位 962 m 明显高于 2013 年的 957.6 m,回水长度 44 km 也明显大于 2013 年的 30 km,但两次水库排沙效果接近。分析发现,两次排沙时间均较长,2012 年库区三角洲洲面整体较高,入库水流条件较强,日均入库流量 2 115 m³/s,明显大于 2013 年的 1 030 m³/s,低水位时三角洲洲面冲刷强度较大,因此 2012 年排沙效果与 2013 年接近。

水库排沙运用期间较低水位运用历时越长,排沙效果越好。2015 年与 2017 年相比,两次日均入库流量、含沙量相差不大,回水长度接近,而 2015 年排沙效果明显优于 2017 年。这主要是因为,2015 年排沙运用水位整体较低,平均库水位低于三角洲顶点 1 m,最低库水位低于三角洲顶点约 11 m,而且低水位运用时间较长,2015 年库水位 940 m 以下运用历时 17.6 h(见表 3-12),三角洲洲面发生强烈冲刷;而 2017 年排沙运用平均库水位高于三角洲顶点 3 m,虽然 948 m 以下运用历时 44.1 h 大于 2015 年的 34.4 h,但较低水位(940 m 以下)运行时间仅 6.7 h,洲面冲刷效果不如 2015 年。

表 3-12　万家寨水库不同时段出库沙量对比

年份			2014	2015	2017	2018	2019	合计
年出库沙量/亿 t			0.3	0.156	0.159	2.092	1.27	3.977
排沙期	沙量	值/亿 t	0.297	0.156	0.159	1.937	0.998	3.547
		占年沙量/%	99.0	100.0	100.0	92.6	78.6	89.2
排沙运用	沙量	历时/d	3	4	9	28	8	52
		值/亿 t	0.112	0.125	0.104	1.715	0.816	2.872
		占排沙期/%	37.7	80.1	65.4	88.5	81.8	81.0

续表 3-12

		年份	2014	2015	2017	2018	2019	合计
运行水位低于948 m	历时	值/h	13.2	34.4	44.1	593.4	150.4	835.5
		占排沙运用/%	18.3	35.8	20.4	88.3	78.3	66.9
	沙量	值/亿 t	0.057	0.106	0.067	1.676	0.807	2.713
		占排沙运用/%	50.9	84.8	64.4	97.7	98.9	94.5
运行水位低于940 m	历时	值/h	6	17.6	6.7	504	120	654.3
		占948 m以下/%	45.5	51.2	15.2	84.9	79.8	78.3
	沙量	值/亿 t	0.048	0.077	0.012	1.521	0.606	2.264
		占948 m以下/%	84.2	72.6	17.2	90.8	75.1	83.5

此外,对比 2014 年与 2015 年、2017 年三次排沙运用可以发现:2014 年入库流量较大,平均运用水位接近 2015 年,明显低于 2017 年;而且三角洲顶点距坝较近,低水位运用库区溯源冲刷产生的高含沙水流更容易运行至坝前并排泄出库;当运用水位 940 m 以下时,2014 年 6 h 水库排沙 0.048 亿 t,远大于 2017 年 6.7 h 的排沙量 0.012 亿 t。虽然 2014 年排沙运用时的入库水流条件及边界条件优于 2015 年和 2017 年,但整体排沙时间较短,致使出库沙量及排沙比不如 2015 年,但优于 2017 年。

从表 3-12 还可以得到,万家寨水库排沙主要集中在排沙运用时段,尤其是较低水位排沙运用时段;2014~2019 年累计排沙运用 52 d,累计排沙 2.872 亿 t,占排沙期总出库沙量的 81.0%;而低水位时段出库沙量又是排沙的主体,948 m 以下累计运用 835.5 h,占排沙运用历时的 66.9%,累计排沙 2.713 亿 t,占排沙运用沙量的 94.5%;940 m 以下累计运用 654.3 h,占排沙运用历时的 78.3%,累计排沙 2.264 亿 t,占排沙运用沙量的 83.5%。

值得一提的是,2018 年和 2019 年排沙运用水位长时间处于较低水平,前期淤积泥沙较多,尤其是 2018 年,加之汛期入库水流较强,在三者叠加的条件下,库区产生自上而下的沿程冲刷与自下而上的溯源冲刷并高速排沙出库,形成了万家寨水库 2018 年、2019 年大排沙比与出库沙量的洪水过程。

3.2　水库淤积分析

3.2.1　库区冲淤时空分布

3.2.1.1　沙量平衡法

采用沙量平衡法计算,2011~2019 年累计进出库沙量分别为 2.690 亿 t、1.826 亿 t,库区淤积 0.864 亿 t,年均淤积量为 0.123 亿 t。受来水来沙及水库运用影响,库区历年淤积量差别较大。2012 年淤积量最大,为 0.264 亿 t;2018 年冲刷 1.126 亿 t,如图 3-19 所示。

3.2.1.2　断面法

采用断面法计算,2011~2019 年万家寨库区累计冲刷泥沙 0.931 亿 m³,其中干流冲

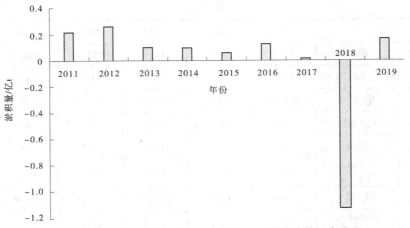

图 3-19 2011～2019 年万家寨水库历年淤积量(沙量平衡法)

刷 0.949 亿 m^3,支流淤积 0.018 亿 m^3。各年冲淤变化较大,其中 2016 年淤积量最大,为 0.192 亿 m^3,2018 年冲刷 1.376 亿 m^3,如图 3-20 所示。

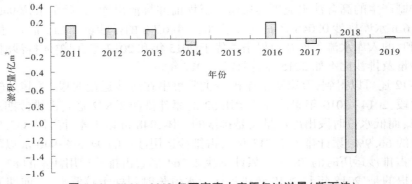

图 3-20 2011～2019 年万家寨水库历年冲淤量(断面法)

从库区淤积空间分布来看,2011～2017 年以淤积为主,2018 年降水冲刷运用,库区各高程均发生冲刷。总体来说,2011～2019 年汛限水位 966 m 以下累计冲刷 0.825 亿 m^3,966 m 至最高运用水位 980 m 发生少量冲刷,冲刷量为 0.106 亿 m^3(见图 3-21)。

就干支流分布而言,冲淤调整主要集中在干流,尤其是干流中下段。2011～2019 年干流累计淤积 0.949 亿 m^3。干流冲淤调整主要集中在 WD54 断面以下,其中 WD01—WD08 表现为少量淤积,淤积量为 0.032 亿 m^3,WD01 以下和 WD08—WD54 库段发生冲刷,合计冲刷量为 0.967 亿 m^3;WD54 断面以上冲淤变化不大,合计冲刷 0.014 亿 m^3。2011～2019 年万家寨水库干流各断面间冲淤量沿程分布见图 3-22。

表 3-13 给出了 2011～2019 年万家寨库区历年非汛期、汛期不同库段冲淤量对比。可以看出,2011～2019 年万家寨库区非汛期淤积、汛期有冲有淤以冲为主,库区冲淤变化以干流为主,支流总体表现为淤积。非汛期库区干流各库段基本以淤积为主。汛期库区干流冲淤调整主要与来水来沙和水库运用水位有关,在开展排沙运用的年份,库区中上库段均发生冲刷,未开展排沙运用的 2016 年则表现为淤积;坝前段在排沙运用水位较低的年份均发生冲

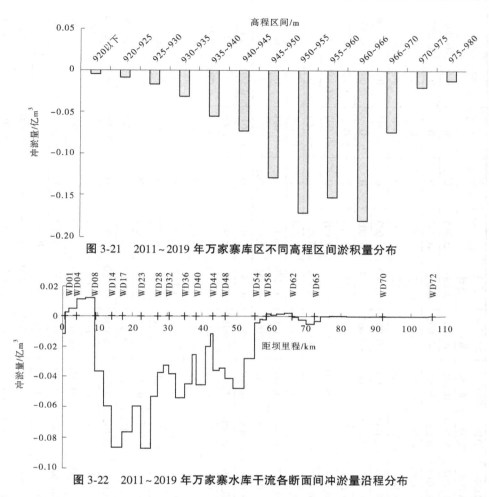

图 3-21　2011~2019 年万家寨库区不同高程区间淤积量分布

图 3-22　2011~2019 年万家寨水库干流各断面间冲淤量沿程分布

刷,如 2014 年、2015 年、2017 年、2018 年和 2019 年,未开展排沙运用和排沙运用水位较高的年份则发生淤积。需要指出的是,WD54 以上库段一般非汛期淤积、汛期冲刷,年内发生微冲微淤,调整幅度较小,多数年份能够保持冲淤平衡,汛期来水较丰年份呈现冲刷。

受入库水沙、库区地形淤积水库运用等因素影响,历年库区各库段又有所不同。图 3-23~图 3-31 给出了 2011~2019 年万家寨库区不同时段干流断面间冲淤量变化情况。可以得到:

2011 年:非汛期 WD02—WD30 及 WD59—WD65 库段以淤积为主;WD00—WD01 及 WD32—WD57 库段主要表现为冲刷。汛期由于 9 月 5~29 日进行排沙运用,仅 WD14 断面以下库段发生淤积;WD17 断面以上库段主要表现为冲刷。全年库区整体发生淤积,其中 WD01—WD20 及 WD59—WD65 库段以淤积为主,WD00—WD01 及 WD23—WD59 库段主要表现为冲刷。总体来说,非汛期是淤积的主体,淤积量为 0.084 亿 m³,汛期淤积 0.071 亿 m³,全年淤积 0.155 亿 m³。

表3-13　2011~2019年万家寨库区不同库段冲淤量对比

单位:亿 m³

时段		大坝—WD11	WD11—WD23	WD23—WD34	WD34—WD44	WD44—WD54	WD54—WD65	WD65—WD72	干流合计	杨家川	黑岱沟	龙王沟	红河	全库区
2011年	非汛期	0.097	0.018	0	-0.007	-0.040	0.015	0.001	0.084	0.006	0.002	0	0	0.092
	汛期	0.159	-0.012	-0.023	-0.018	-0.023	-0.011	-0.001	0.071	0.001	0	0	0	0.072
	运用年	0.256	0.006	-0.023	-0.025	-0.063	0.004	0	0.155	0.007	0.002	0	0	0.164
2012年	非汛期	0.003	0.064	0.028	0.007	0.017	0.003	0	0.122	0.002	0	0.001	0	0.125
	汛期	0.267	-0.065	-0.051	-0.089	-0.060	-0.008	-0.002	-0.008	0.003	0	-0.001	0	-0.006
	运用年	0.270	-0.001	-0.023	-0.082	-0.043	-0.005	-0.002	0.114	0.005	0	0.001	0	0.119
2013年	非汛期	0.048	0.054	0.035	0.070	0.027	0.013	0.002	0.249	0.004	0	0.001	0.001	0.255
	汛期	0.07	-0.019	-0.057	-0.071	-0.045	-0.019	0	-0.141	0.001	0	-0.002	-0.001	-0.143
	运用年	0.118	0.035	-0.022	-0.001	-0.018	-0.006	0.002	0.108	0.005	0	-0.001	0	0.112
2014年	非汛期	-0.005	0.006	0.019	0.029	0.035	0.017	-0.001	0.100	0.003	0	0.003	0	0.106
	汛期	-0.163	0.007	0.006	-0.017	-0.010	-0.002	-0.001	-0.180	-0.001	0	-0.001	0	-0.182
	运用年	-0.168	0.013	0.025	0.012	0.025	0.015	-0.002	-0.080	0.002	0.001	0.002	0	-0.075
2015年	非汛期	-0.013	0.005	0.019	0.049	0.068	0.002	0	0.130	0	0.001	0.001	0.001	0.133
	汛期	-0.042	0.010	-0.011	-0.029	-0.066	-0.004	0.001	-0.141	0.002	0	-0.001	0	-0.14
	运用年	-0.055	0.015	0.008	0.020	0.002	-0.002	0.001	-0.011	0.002	0	0	0.001	-0.008
2016年	非汛期	0.021	0.015	0.027	-0.003	0.009	0.008	0.001	0.078	0.002	0	0	0	0.08
	汛期	0.049	0.016	0.016	0.018	0.017	-0.003	0	0.113	0.001	0	0	0	0.114
	运用年	0.070	0.031	0.043	0.015	0.026	0.005	0.001	0.191	0.003	0	0	0	0.194
2017年	非汛期	-0.004	0.013	0.029	0.037	0.013	0.015	0	0.103	0.002	0.002	0	0	0.107
	汛期	-0.032	-0.028	-0.039	-0.034	-0.028	-0.011	-0.001	-0.173	-0.002	0	-0.001	0	-0.176
	运用年	-0.036	-0.015	-0.010	0.003	-0.015	0.004	-0.001	-0.070	0	0.002	-0.001	0	-0.069
2018年	非汛期	0.022	0.023	0.029	0.038	0.040	0.030	0.001	0.183	0.002	0	0	0	0.185
	汛期	-0.473	-0.420	-0.305	-0.200	-0.109	-0.041	-0.005	-1.553	-0.01	0	-0.001	0	-1.564
	运用年	-0.451	-0.397	-0.276	-0.162	-0.069	-0.011	-0.004	-1.37	-0.008	0	-0.001	0	-1.379
2019年	非汛期	0.032	0.024	0.046	0.097	0.091	0.012	0.003	0.305	0.002	0.001	0	0	0.308
	汛期	-0.052	0.009	-0.018	-0.080	-0.123	-0.024	-0.002	-0.290	-0.004	-0.001	-0.001	0	-0.296
	运用年	-0.020	0.033	0.028	0.017	-0.032	-0.012	0.001	0.015	-0.002	0.001	-0.001	0	0.012
合计		-0.016	-0.280	-0.250	-0.203	-0.187	-0.008	-0.004	-0.948	-0.014	0.005	-0.002	0.001	-0.93

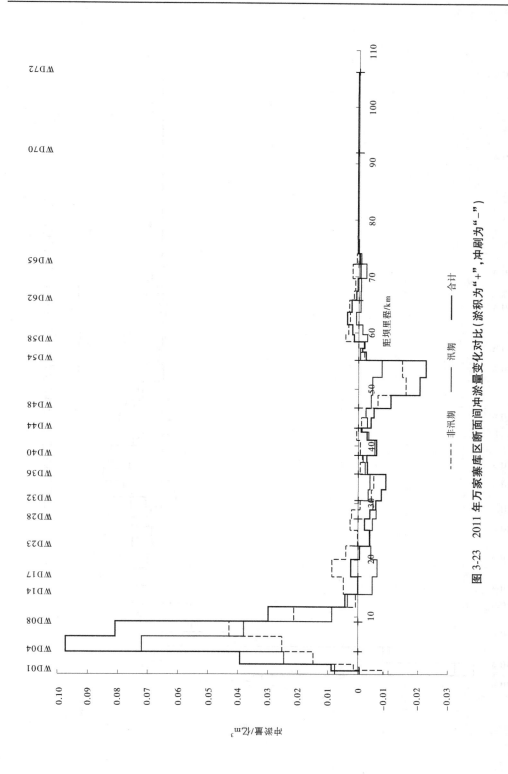

图 3-23　2011 年万家寨库区断面间冲淤量变化对比（淤积为"+"，冲刷为"-"）

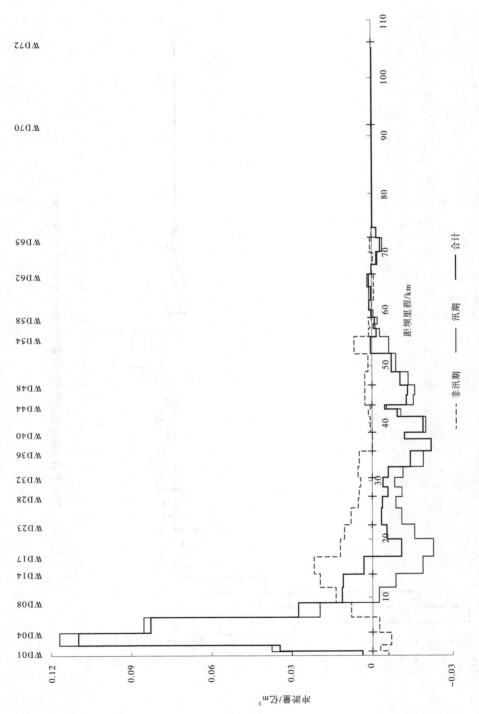

图 3-24 2012 年万家寨库区断面间冲淤量变化对比（淤积为"+"，冲刷为"-"）

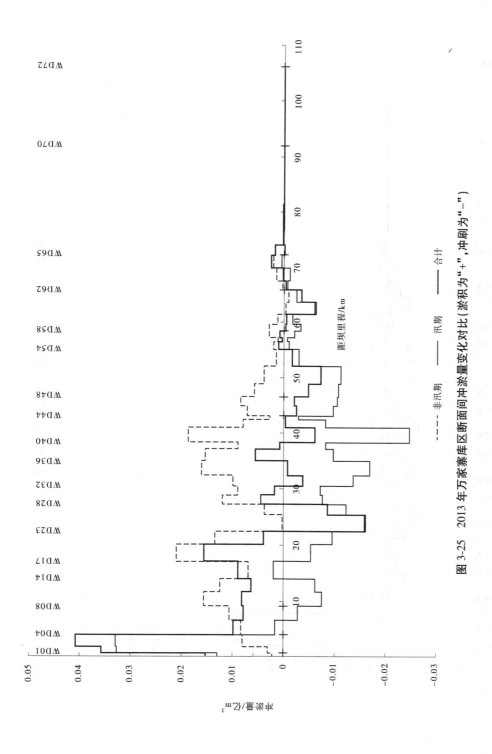

图 3-25　2013 年万家寨库区断面间冲淤量变化对比（淤积为"+"，冲刷为"−"）

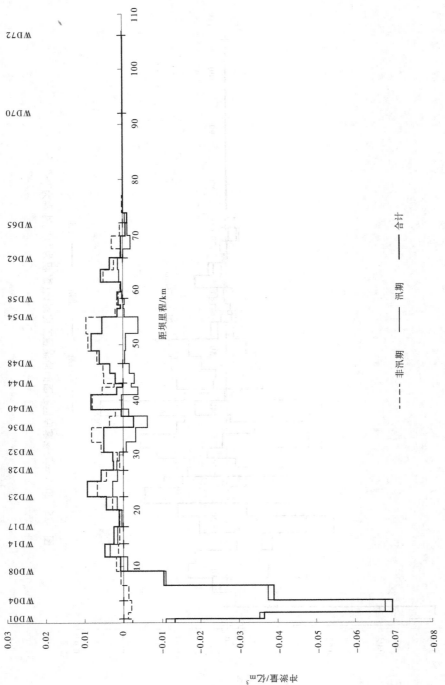

图 3-26 2014 年万家寨库区断面间冲淤量变化对比（淤积为"+"，冲刷为"−"）

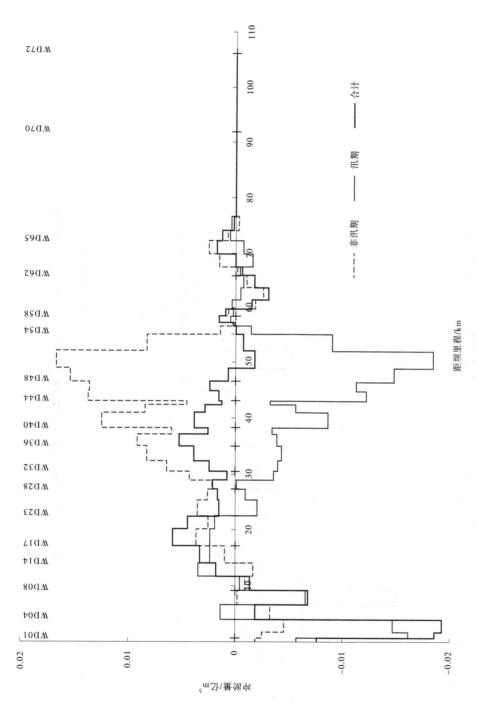

图 3-27　2015 年万家寨库区断面间冲淤量变化对比（淤积为"+"，冲刷为"-"）

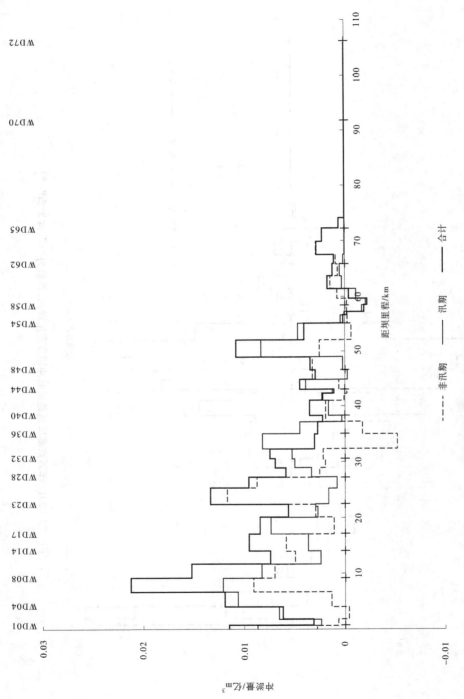

图 3-28　2016 年万家寨库区断面间冲淤量变化对比（淤积为"+"，冲刷为"-"）

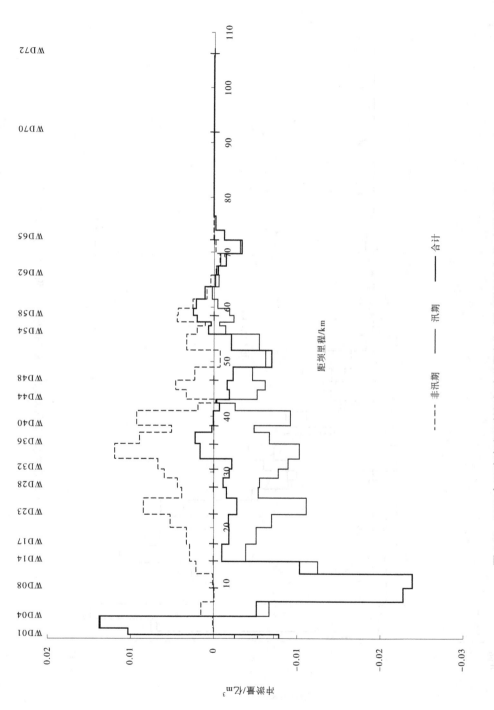

图 3-29　2017 年万家寨库区断面间冲淤量变化对比（淤积为"+"，冲刷为"-"）

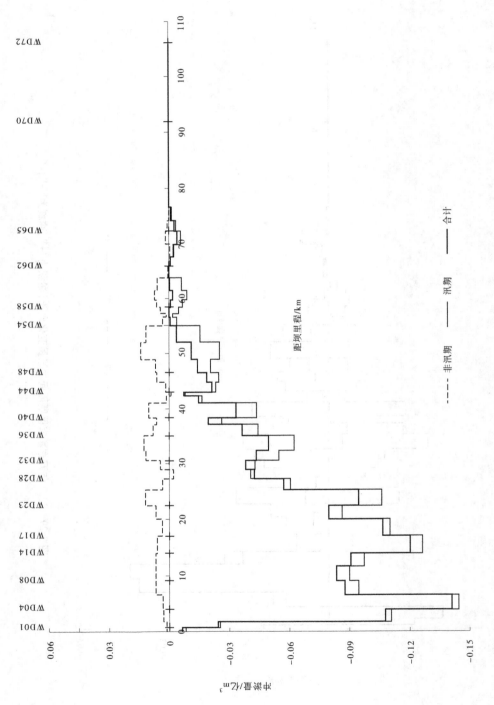

图 3-30 2018 年万家寨库区断面间冲淤量变化对比（淤积为"＋"，冲刷为"－"）

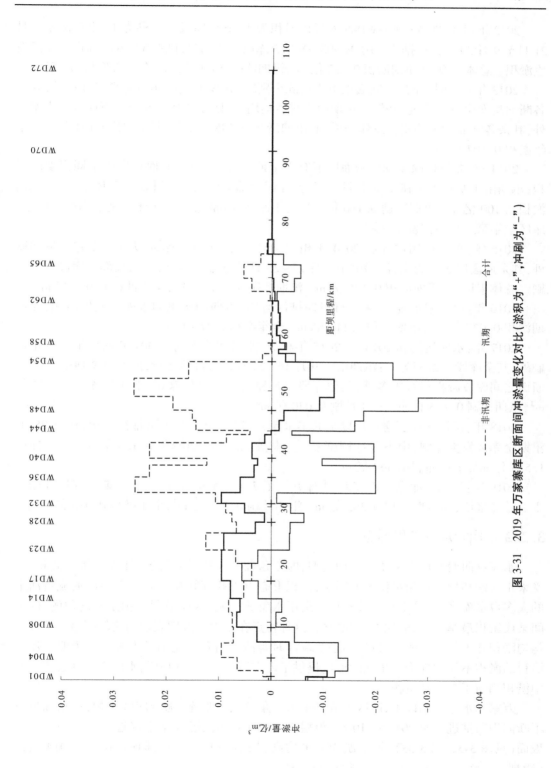

图 3-31 2019 年万家寨库区断面间冲淤量变化对比（淤积为"+"，冲刷为"-"）

2012 年:非汛期 WD06—WD65 库段以淤积为主,其余库段以冲刷为主;汛期由于 7 月 21 日至 9 月 29 日进行排沙运用,WD08—WD65 库段发生明显冲刷,WD06 断面以下库段发生淤积。总体来说,非汛期淤积 0.122 亿 m³,汛期冲刷 0.007 亿 m³,全年淤积 0.115 亿 m³。

2013 年:非汛期 WD65 断面以下库段除个别断面(WD26、WD62)有少量冲刷外,其余各断面均发生不同程度的淤积;汛期由于排沙运用,库区除 WD04 断面以下库段发生淤积外,其余各断面发生冲刷。总体来说,非汛期淤积 0.248 亿 m³,汛期冲刷 0.141 亿 m³,全年淤积 0.107 亿 m³。

2014 年:非汛期除 WD06 断面以下有少量冲刷外,其余各断面均发生不同程度的淤积;汛期由于 9 月 16~18 日进行排沙运行,库区大部分库段发生冲刷。总体来说,非汛期淤积 0.100 亿 m³,汛期冲刷 0.180 亿 m³,全年冲刷 0.080 亿 m³,本年度是水库运用以来,库区全年第一次整体发生冲刷。

2015 年:水库运用情况和 2014 年相似,非汛期除 WD06 断面以下库段有少量冲刷外,其余库段以淤积为主;汛期由于 9 月 22~25 日进行排沙运行,库区大部分库段发生冲刷。总体来说,非汛期淤积 0.130 亿 m³,汛期冲刷 0.141 亿 m³,全年冲刷 0.011 亿 m³。

2016 年:由于来水偏枯,未进行汛期排沙运用;汛期和非汛期水库均发生淤积,非汛期淤积 0.077 亿 m³,汛期淤积 0.112 亿 m³,全年淤积 0.189 亿 m³。

2017 年:水库运用和 2014 年、2015 年相似,非汛期除坝前 WD01 断面以下有少量冲刷外,其余库段以淤积为主;汛期由于 9 月 16~24 日进行排沙运行,库区除 WD01—WD04 断面之间库段淤积相对较多外,其他库段以冲刷为主。总体来说,非汛期淤积 0.103 亿 m³,汛期冲刷 0.173 亿 m³,全年冲刷 0.070 亿 m³。

2018 年:汛期水库遭遇运用以来的丰水年,开展了两次低水位排沙运用,历时 28 d,汛期全库区发生冲刷,中下段冲刷剧烈。总体来说,非汛期淤积 0.184 亿 m³,汛期冲刷 1.553 亿 m³,全年冲刷 1.369 亿 m³。

2019 年:汛期入库洪水也较大,水库开展了 7 d 低水位排沙运用,汛期库区以冲刷为主。总体来说,非汛期淤积 0.305 亿 m³,汛期冲刷 0.292 亿 m³,全年淤积 0.013 亿 m³。

3.2.2　干流纵向淤积形态

水库纵向淤积形态主要有三种类型,即三角洲淤积体、锥形淤积体以及带状淤积体。受来水来沙和坝前运用水位等的影响,淤积形态可以相互转化。对位于多沙河流黄河上的大多数水库来说,受来水来沙和坝前运用水位的影响,水库沿程淤积是不均匀的,即中间某段淤积最厚,其余的地方淤积较薄,这种特点在水库拦沙期表现的比较明显。这种不均匀淤积并不是偶然的,可以用不平衡输沙时含沙量沿程变化的基本方程来说明。泥沙沿程的淤积不均匀性为三角洲的形成提供了内在可能性,也就是说,水库在拦沙运用过程中淤积趋向于三角洲淤积。

万家寨水库运用以来,库区干流基本为三角洲淤积形态,随着库区淤积,三角洲顶点不断向坝前推进。至 2010 年 10 月,距坝 14~60 km 库段已经基本接近设计淤积平衡纵坡面(见图 3-32、图 3-33),坝前淤积面平均高程 919.40 m,三角洲顶点位于 WD14 断面(距坝 13.99 km),三角洲顶点高程 953.65 m。

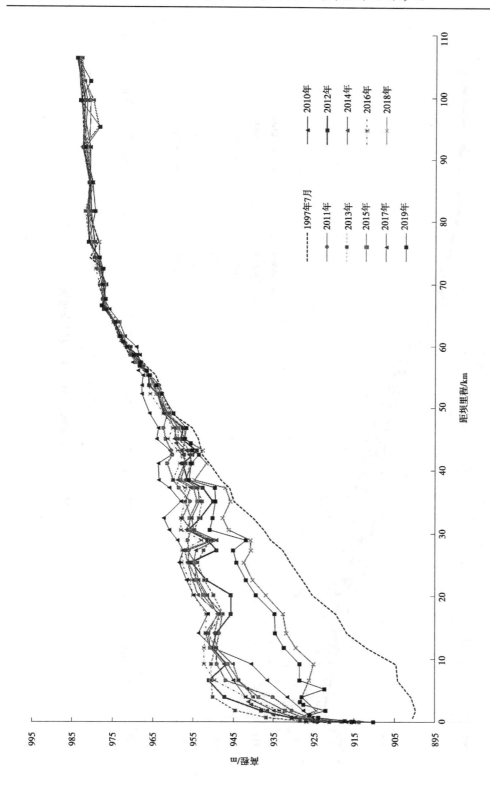

图 3-32　万家寨水库汛后深泓点纵剖面变化过程

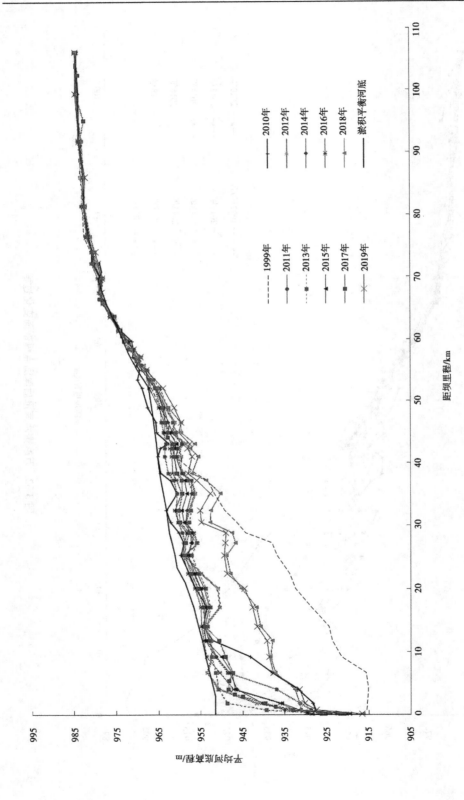

图 3-33　万家寨水库平均河底高程变化过程

　　随着水库运用,2011~2019年库区干流各库段冲淤也不断调整。其中,WD54(距坝55.2 km)断面以下库段受入库水沙和水库调度影响调整幅度相对较大,WD54断面以上库段冲淤变化不大,淤积末端大致在WD58断面(距坝58.5 km)附近。但各年度变化又有所不同,2011年度,万家寨水库距坝11~57 km普遍发生冲刷,河底平均高程降低1.05 m,深泓点高程平均降低1.78 m;距坝0.5~11 km普遍产生淤积,河底平均高程抬升3.13 m,深泓点高程平均增加4.01 m。2012年度,万家寨水库距坝9~52 km普遍发生冲刷,河底平均高程降低2.63 m,深泓点高程平均降低5.10 m;距坝7 km范围内普遍产生淤积,河底平均高程增加4.85 m,深泓点高程平均增加3.94 m。2013年度,万家寨水库距坝11~63 km普遍发生冲刷,河底平均高程降低1.36 m,深泓点高程平均降低2.47 m;距坝9 km范围内普遍产生淤积,河底平均高程增加4.68 m,深泓点高程平均增加2.90 m。2014年度,万家寨水库距坝57 km以下普遍发生冲刷,河底平均高程降低1.37 m,深泓点高程平均降低2.31 m。2015年度,万家寨水库距坝57 km以下普遍发生冲刷,河底平均高程降低0.88 m,深泓点高程平均降低2.01 m。2017年度,万家寨水库距坝62 km范围内普遍发生冲刷,河底平均高程降低1.24 m,深泓点高程平均降低2.00 m。2018年黄河遇丰水年,万家寨水库开展28 d降水冲刷运用,库区发生强烈冲刷,距坝50 km以下库段深泓点纵剖面和平均河底高程均大幅度下降。2019年洪水期降水冲刷之后,库区基本保持在2018年淤积形态的基础上有所淤积。

　　2011~2017年排沙运用期间,万家寨库区三角洲顶点位置不断发生变化(见图3-34)。2011年汛前三角洲顶点位于距坝9.14 km的WD08断面,顶点高程为947.36 m;经过2011~2013年3次排沙运用,库区河床仍不断淤积抬升,至2013年汛后,三角洲顶点下移至距坝3.93 km的WD04断面,顶点高程抬升至950.04 m。之后,经过2014~2017年汛期排沙运用,库区整体呈现少量冲刷,三角洲顶点位置上移至距坝11.70 km的WD11断面,高程为949.19 m。

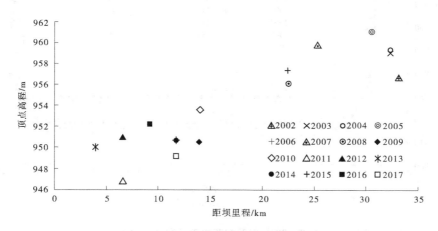

图3-34　万家寨水库汛后干流三角洲顶点变化过程

3.2.3　干流横断面淤积形态

万家寨水库河槽形态取决于水沙过程和水库运用方式。图 3-35 给出了万家寨水库投入运用至 2010 年汛后横断面套绘情况。可以得到,水库运行初期,蓄水拦沙运行,库区 WD14(距坝 13.99 km)断面以下,整体表现为同步淤积抬升趋势,WD17—WD42 断面库段,随着水库运用逐渐呈现滩槽现象;WD43—WD54 断面库段,自运用以来一直呈现出明显的滩槽,随着库区淤积量的增加,滩面不断抬高,河底也不断抬升。

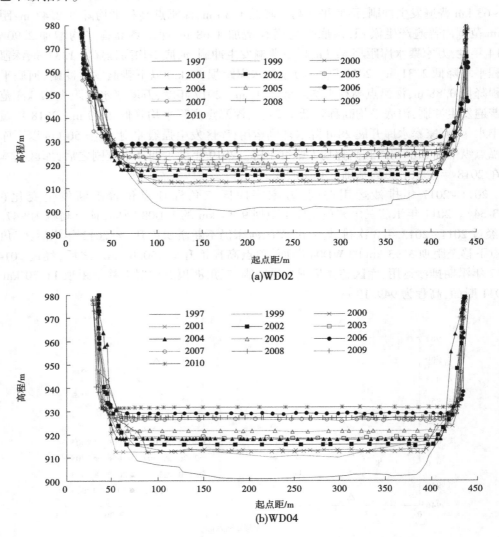

图 3-35　1997~2010 年万家寨水库汛后横断面形态变化

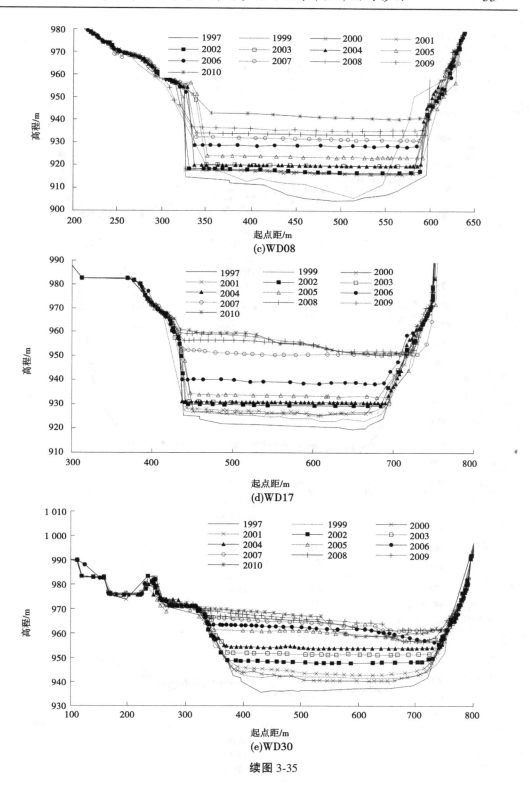

(c)WD08

(d)WD17

(e)WD30

续图 3-35

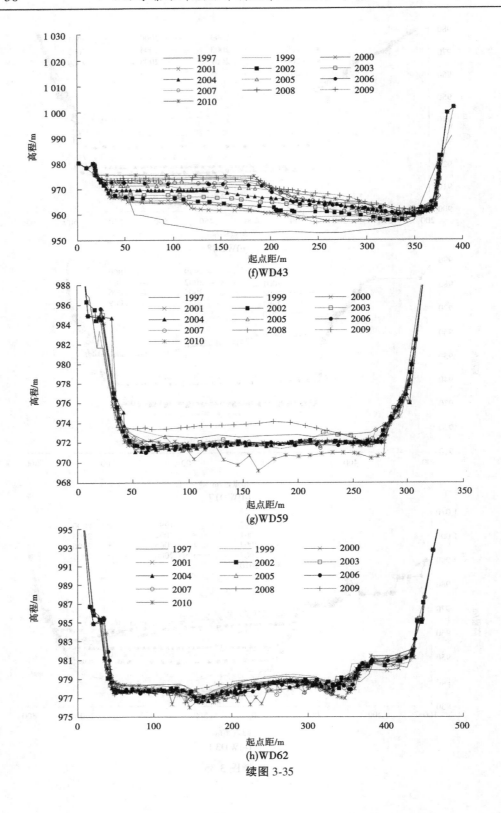

(f)WD43

(g)WD59

(h)WD62

续图 3-35

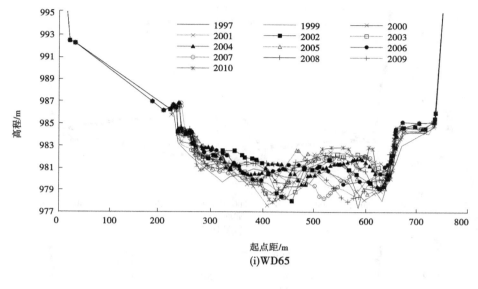

起点距/m

(i)WD65

续图 3-35

　　2011 年以来,受入库水沙和排沙运用影响,各库段横断面淤积形态调整不同(见图 3-36)。2011~2017 年,坝前 WD4 断面以下库段受水库泄流影响,断面形态变化较大;WD4—WD43 断面间库段滩面略有抬升,滩槽高差呈增加趋势;WD43—WD54 断面间库段,一直呈现出明显的滩槽,且滩面不断抬高,河底也不断抬升。受 2018 年、2019 年洪水期长历时降水冲刷影响,坝前断面在河槽强烈下切展宽的同时,滩地坍塌滑塌明显,河槽过水面积大幅度增加,如 WD02、WD04 断面;距坝稍远的断面以河槽下切展宽为主,滩地坍塌滑塌强度减弱,如 WD17 断面;库区中部库段主要以河槽下切为主,同时伴有展宽,如 WD30、WD36、WD43 等断面;WD52 断面以上库段冲刷减弱,在 WD58 断面以上库段,出现了冲刷后的河床低于 1997 年实测河床的现象,如 WD62、WD65 等断面。

　　从全库区横断面变化可以得到,在长时期小流量过程作用下,WD54 断面以下库段河槽逐步萎缩;在较大流量过程及较低库水位共同作用下,该库段河槽下切展宽,河槽过水面积显著扩大。WD54 断面以上库段,随着水库水位的变化,地形不断调整,但整体冲淤变化幅度不大。在较为顺直的狭窄库段,一般水沙条件下为全断面过流(WD59—WD63之间)。由于库区河床整体狭窄,河势受两岸山体的制约蜿蜒曲折,当主流紧贴一岸时,在对岸仍有形成滩地的可能,如 WD36 断面基本处于湾顶处,主流稳定在左岸,WD43 断面主流稳定在右岸,流量较大时河槽以大幅度的下切为主。

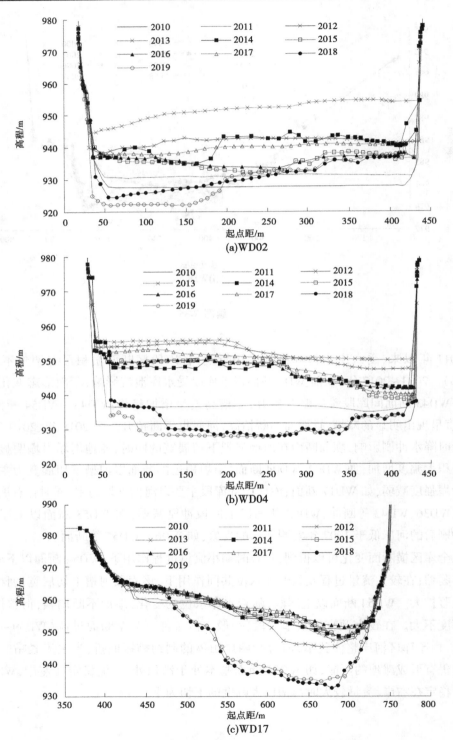

图 3-36 2011~2019 年万家寨水库汛后横断面形态变化

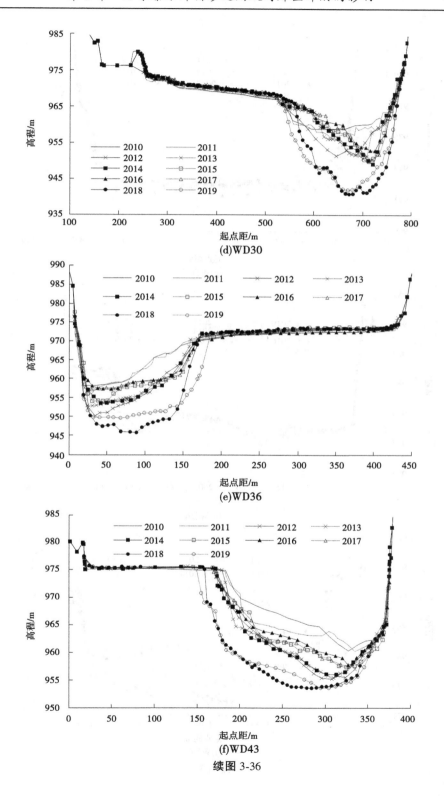

(d)WD30

(e)WD36

(f)WD43

续图 3-36

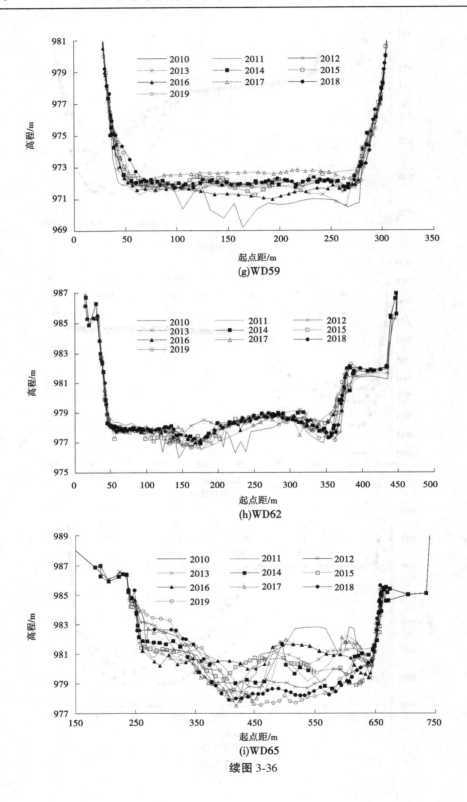

(g)WD59

(h)WD62

(i)WD65

续图 3-36

万家寨库区拐上 WD65 断面作为万家寨库区重要的控制断面,其冲淤变化显得尤为重要。从图 3-36(g)~(i)可以得到,库尾拐上 WD65 横断面形态不断调整,有冲有淤。图 3-37 给出了 2011~2019 年汛后万家寨水库拐上断面 WD65 平均河底高程变化。可以得到,2011~2019 年汛后拐上断面平均河底高程在 979.2~980.74 m 变化,最大值出现在 2016 年 10 月,为 980.74 m;2018 年汛后最低,为 979.2 m。

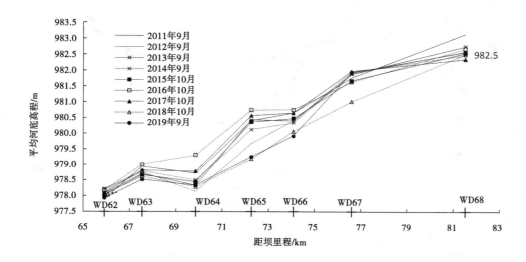

图 3-37　2011~2019 年拐上断面汛后平均河底高程变化

3.2.4　支流淤积形态

万家寨库区支流入汇水沙量较少,可忽略不计,支流淤积主要为干流含沙水流倒灌所致。支流淤积主要集中在位于库区下段的杨家川、黑岱沟和龙王沟。支流沟口断面受干流泄流影响,部分出现滩槽,而支流内部主要以平行抬升淤积为主。2010~2019 年万家寨库区支流横断面形态变化见图 3-38、图 3-39。

根据支流纵断面形态变化(见图 3-40、图 3-41),支流淤积特点为:支流沟口淤积厚度较大,沟口向上淤积厚度沿程减小,距坝较近的支流沟口淤积厚度较大。如水库运用以来,距坝最近的支流杨家川(距坝约 13 km),淤积面逐年抬升,与原始地形相比,至 2017 年 10 月,沟口淤积面(YJ01)深泓点高程抬升了 36.5 m,内部断面(YJ02)抬升 21.2 m;而距坝相对较远的红河(距坝约 57 km)淤积较少,沟口淤积面深泓点高程仅抬升了 0.9 m。值得一提的是,自 2011 年万家寨水库排沙期开展排沙调度以来,支流淤积速度变缓。

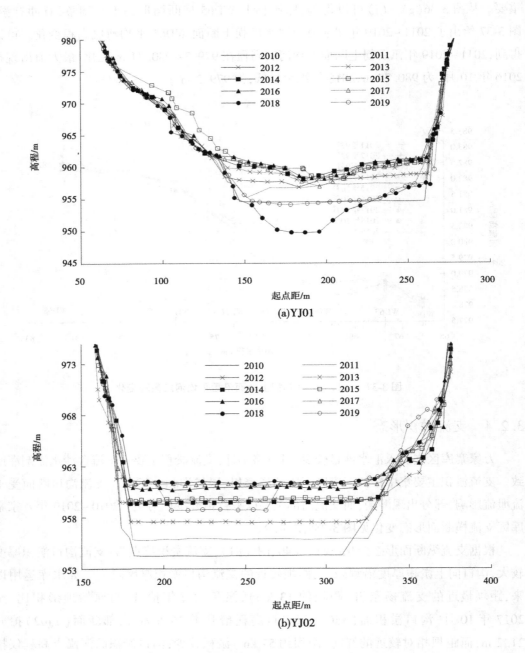

(a)YJ01

(b)YJ02

图 3-38　杨家川横断面形态变化(汛后)

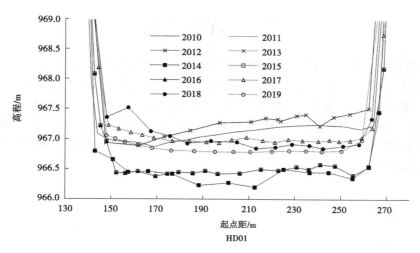

图 3-39　黑岱沟横断面形态变化（汛后）

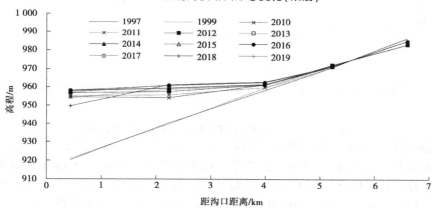

图 3-40　杨家川汛后纵剖面变化过程（深泓点）

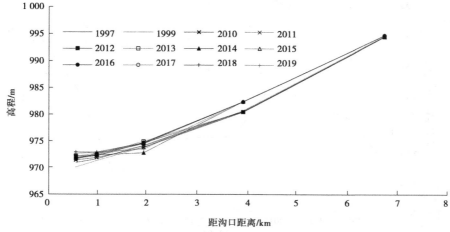

图 3-41　红河汛后纵剖面变化过程（深泓点）

3.3 库容变化

随水库运用,库容不断调整。2010 年汛后,万家寨水库 980 m 以下总库容为 4.848 亿 m³。2011~2017 年排沙期,水库虽然进行过多次排沙运用,但由于排沙运用水位高、历时短,库区整体仍表现为淤积,库容不断减少,2017 年汛后减少至 4.414 亿 m³,减少了 0.434 亿 m³。随着 2018 年洪水期长历时降水冲刷运用,库容恢复明显;至 2019 年汛后,总库容为 5.779 亿 m³,与 2010 年汛后相比,增加 0.931 亿 m³。2011~2019 年万家寨水库总库容变化过程见图 3-42。

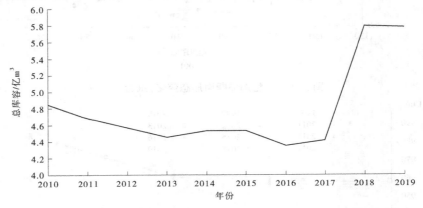

图 3-42　2011~2019 年万家寨水库总库容变化过程

调洪库容也在不断变化。2010 年汛后,万家寨水库调洪库容为 2.725 亿 m³,2011~2013 年,调洪库容逐渐恢复,2014~2017 年又逐渐减小,随 2018 年、2019 年的降水冲刷运用,调洪库容恢复明显,至 2019 年汛后,调洪库容恢复至 2.823 亿 m³,与 2010 年汛后相比,增加 0.098 亿 m³。2011~2019 年万家寨水库调洪库容变化过程见图 3-43。

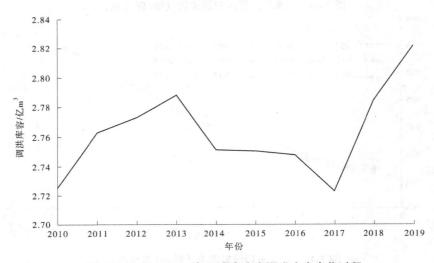

图 3-43　2011~2019 年万家寨水库调洪库容变化过程

3.4　小　结

（1）万家寨水库 2011~2019 年共进行了 9 次排沙运用。9 次排沙运用期间，万家寨进出库沙量分别为 1.052 亿 t、3.911 亿 t，库区累计冲刷 2.859 亿 t，水库排沙比为 372%。

（2）在入库水沙及边界条件一定的情况下，较低的运用水位意味着较短的壅水输沙距离和较长的冲刷距离，更能取得相对较好的排沙效果。2011~2019 年排沙期水库进行过多次排沙运用，其中 2011~2013 年排沙运用水位较高，回水长度 30~44 km，库区发生冲刷或微淤，水库排沙比为 96%~149%；而其他年份排沙运用水位相对较低，回水长度小于 20 km，水库排沙比较大，为 473%~1 389%。

（3）水库排沙运用不断调整库区淤积形态。2011~2019 年库区 WD54（距坝 55.2 km）断面以下库段受入库水沙和水库调度影响调整幅度相对较大，WD54 断面以上库段冲淤变化不大，淤积末端大致在 WD58 断面（距坝 58.5 km）附近。

（4）库区横断面变化表明，在长时期小流量过程作用下，WD54 断面以下库段河槽逐步萎缩；在较大流量过程及较低库水位共同作用下，该库段河槽下切展宽，河槽过水面积显著扩大。WD54 断面以上库段，随着水库水位的变化，地形不断调整，但整体冲淤变化幅度不大。

（5）库尾拐上 WD65 横断面形态不断调整，有冲有淤。2011~2019 年汛后拐上断面平均河底高程在 979.2~980.74 m 变化，最大值出现在 2016 年 10 月，为 980.74 m；2018 年汛后最低，为 979.2 m。

（6）2011~2019 年排沙期水库进行过多次排沙运用，2019 年汛后总库容、调洪库容分别为 5.779 亿 m³、2.823 亿 m³，与 2010 年汛后相比，相应地分别增加 0.931 亿 m³、0.098 亿 m³。

第 4 章　水库降水冲刷排沙规律

目前,万家寨水库已进入正常运用期,水库开展排沙运用将成为常态。本章主要分析万家寨水库运用以来排沙效果与影响因素的关系,总结水库排沙规律,为以后水库高效排沙调度提供技术支撑。

4.1　出库含沙量与库水位关系

万家寨水库排沙受入库水流条件、水库运用水位、地形条件、排沙历时等多种因素影响。在入库水沙条件、库区地形一定的条件下,水库排沙效果与库区运用水位密切相关。图 4-1 点绘了 2002~2019 年万家寨水库排沙期日均出库含沙量与运用水位的关系。可以得到,万家寨水库出库含沙量与运用水位呈负相关关系,即随着运用水位降低,出库含沙量增加。万家寨水库排出的泥沙为入库泥沙与库区淤积泥沙,水库排沙期间,水库运用水位越低,则回水距离越短,明流段冲刷距离越长,冲刷量越大,壅水输沙距离越短,从而出库含沙量与水库排沙比越大。

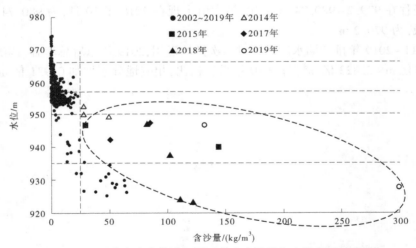

图 4-1　万家寨水库排沙运用时出库含沙量与水位关系(日均)

需要说明的是,图 4-1 中圆框内的点子为相应年份降低水位排沙初期的出库含沙量。水库降低水位排沙初期,出库含沙量与排沙比较大,明显大于同水位其他时段。这主要是因为,在库水位速降过程中,坝前较高的淤积面随着库水位降低较易发生溯源冲刷,特别是坝前段滩地的滑塌,从而明显增大出库含沙量和排沙比。

从图 4-1 还可以得到,当坝前水位超过 966 m 时,水库基本不排沙;水位 966 m 以下出库含沙量随水位降低而增加。其中,运用水位超过 957 m 时,日均出库含沙量一般不超过 10 kg/m³；运用水位超过 950 m 时，日均出库含沙量一般不超过 20 kg/m³；当运用水位低于 950 m，出库含沙量迅速增加。除降水冲刷初期外，日均出库含沙量大于 25 kg/m³ 时，运用水位往往低于 935 m。

图 4-2 点绘了 2011～2019 年万家寨水库出库含沙量与坝前水位瞬时对应关系。可以得到，瞬时出库含沙量与水位关系与日均变化两者对应关系基本一致。

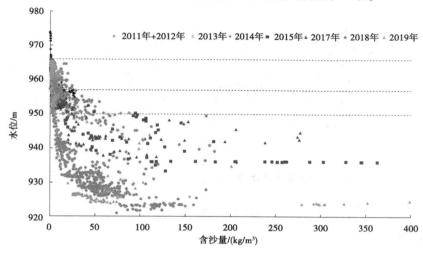

图 4-2　万家寨水库排沙运用时水位与出库含沙量关系(瞬时)

4.2　水库排沙与低水位排沙历时

由前文分析可知，万家寨水库排沙主要集中在运用水位 950 m 以下。图 4-3 点绘了 2014 年、2015 年和 2017 年万家寨水库排沙运用期间低水位排沙(水库运用水位低于 950 m)历时与出库含沙量关系。运用水位低于 950 m 时，万家寨水库出库含沙量对运用水位非常敏感；当运用水位降低时，出库含沙量迅速增加，这一现象在降水排沙初期表现尤为明显；当水位升高时，出库含沙量迅速降低。由于这 3 年降低水位排沙历时较短，而且瞬时最低水位一般在 935 m 以上，水库回蓄之前，出库含沙量仍然较高，这说明如果延长低水位运用历时，库区会继续冲刷，可取得更好的冲刷效果。

鉴于万家寨水库总库容和调洪库容不断减小，借助有利的水流动力，万家寨水库于 2018 年和 2019 年排沙期进行了 3 次降水冲刷运用。其中，2018 年于 8 月 8～27 日和 9 月 22～29 日开展 2 次降水冲刷运用，历时分别为 20 d 和 8 d，2019 年 8 月 25～31 日进行降水冲刷运用，历时 7 d。图 4-4、图 4-5 点绘了 3 次降水冲刷期间出库含沙量增量和冲刷量随冲刷历时变化过程，同时还给出了降水冲刷期间的运用水位。

出库含沙量增量为进、出库含沙量差值，对于区间来水较小的万家寨水库而言，出库含沙量增量能够直观反映库区冲刷情况。2018 年第 1 次降水冲刷初期，出库含沙量增量较大，前 4 d 均在 80 kg/m³ 以上，最大增量 117 kg/m³(见图 4-4)；第 5～11 天含沙量增量虽有所减小，但由于运用水位较低，均低于 930 m，含沙量增量基本维持在 40～60 kg/m³；

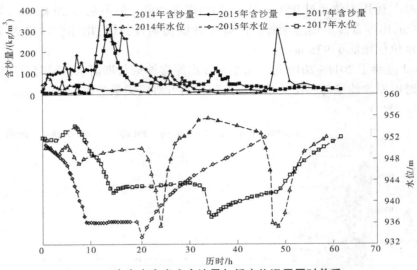

图 4-3　万家寨水库出库含沙量与低水位运用历时关系

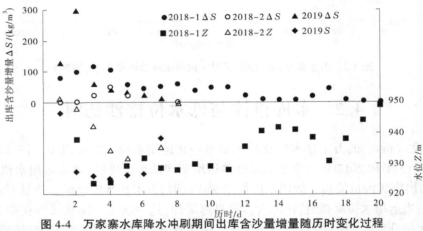

图 4-4　万家寨水库降水冲刷期间出库含沙量增量随历时变化过程

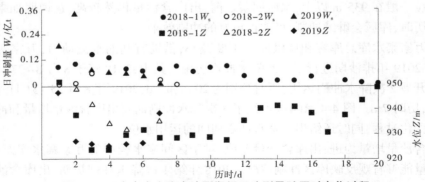

图 4-5　万家寨水库降水冲刷期间日冲刷量随历时变化过程

从第 12 天开始,水位升高至 935 m 以上,含沙量增量降至 25 kg/m³ 以下;第 17 天运用水位再次降至 930.77 m 时,含沙量增量又增至 43.6 kg/m³,之后随着水库蓄水,含沙量增量迅速降至 10 kg/m³ 以下。2018 年第 2 次降水冲刷,由于受第 1 次冲刷的影响以及运用水位相对较高,出库含沙量增量相对较小,最大增量 47.6 kg/m³,但水库降水冲刷引起出库含沙量增加 20 kg/m³ 以上仍持续 3 d,之后虽然库水位较低,但出库含沙量增量明显下降。总体来说,2018 年两次降水冲刷,较大的出库含沙量增量(40 kg/m³ 以上)历时 13 d。

由于受到进、出库流量大小的影响,出库含沙量增量不能准确反映库区冲刷量,而日冲刷量作为逐日进、出库沙量差值,相对更能体现库区冲刷效果变化。2018 年第 1 次降水冲刷初期,日冲刷量较大,前 4 d 均在 0.08 亿 t 以上,最大 0.15 亿 t(见图 4-5),第 5~11 天日冲刷量虽有所减小,但基本维持在 0.06 亿~0.09 亿 t;从第 12 天开始,水位升高,日冲刷量降至 0.04 亿 t 以下,第 17 天运用水位再次降低时,日冲刷量又增至 0.08 亿 t,之后迅速至 0.02 t/s 以下。第 2 次降水冲刷期间,日冲刷量 0.05 亿 t 以上仍持续 3 d,之后库区冲刷效率明显下降,日冲刷量迅速减小。总体来说,2018 年两次降水冲刷,较大的日冲刷量(0.05 亿 t 以上)持续历时 15 d。

2019 年降水冲刷表现出和 2018 年相似的现象,即初期出库含沙量增量和冲刷量均较高。第 3~5 天虽然有所降低,但仍然较大,含沙量增量在 30 kg/m³ 以上,冲刷量在 0.05 亿 t 以上,之后两者均进一步下降,第 7 天水库开始蓄水,水位抬升。

对比 3 次降水冲刷期间出库含沙量增量和冲刷量后认为,2018 年第 1 次降水冲刷之所以取得更好的效果,主要原因有三个方面:一是有利的边界条件,万家寨水库运用以来以淤积为主,未进行过长历时排沙,2018 年水库降水冲刷期间泥沙补给充足;二是水流动力较强,敞泄排沙期间平均入库流量为 1 721 m³/s;三是降水冲刷时间较长,历时 20 d。

与 2018 年第 1 次排沙对比可以发现,2019 年在运用水位接近或更低,入库日均流量 1 884 m³/s 大于 2018 年(日均流量 1 410 m³/s)的情况下,第 3 天之后出库含沙量增量和冲刷量小于 2018 年同历时相应值,分析认为,2019 年降水冲刷是继 2018 年 2 次排沙之后,河床补充沙量减少,势必会降低含沙量。

通过对近几年万家寨水库资料分析认为,万家寨水库降水冲刷初期(2~4 d),库区冲刷剧烈,之后冲刷效果虽有所下降,但仍能在较长时间(3~11 d)维持在较高水平。

4.3　出库输沙率与影响因素

根据《黄河万家寨水利枢纽初步设计说明书》,万家寨水库运行 10 年左右达到淤积平衡。1998 年万家寨水库投入运用后,上游来水来沙偏少,水库运行水位较设计方式偏高,2010 年以前,汛期水库未进行过主动排沙。至 2011 年汛前,距坝 11~60 km 库段淤积平均河底高程基本达到设计淤积平衡状态。为使万家寨水库保持必要的调蓄能力、延长水库使用寿命、改善水库淤积状态,水库 2011~2019 年汛期开展了多次排沙运行。

由前文分析可知,万家寨水库运用水位高于 960 m 时,水库排沙较少,选取 2011~2019 年汛期万家寨水库运用水位 960 m 以下时段进、出库水沙展开分析,具体选取时段见表 4-1。图 4-6~图 4-14 分别为万家寨水库排沙时段进出库水沙及边界条件。

表 4-1　万家寨水库 2011~2019 年排沙时段特征值

年份	时段 （月-日）	入库		出库	
		水量/亿 m³	沙量/亿 t	水量/亿 m³	沙量/亿 t
2011	09-15~29	13.31	0.059	12.85	0.081
2012	07-26~08-28	59.22	0.184	59.18	0.428
2013	08-04~10-01	55.60	0.257	56.79	0.461
2014	08-06~09-20	35.33	0.152	34.45	0.294
2015	08-13~09-26	19.37	0.047	17.91	0.156
2016	08-18~26	3.24	0.026	2.78	0.021
2017	08-07~09-25	23.96	0.067	22.18	0.159
2018	07-26~09-30	124.07	0.415	120.69	1.976
2019	08-01~09-02	48.86	0.278	48.60	0.954

从图 4-6~图 4-14 可以看出，2011 年、2014 年、2015 年和 2018 年排沙时段最低库水位对应最大含沙量，2013 年、2016 年、2017 年和 2019 年最低水位和最大含沙量出现在相邻时间段，2012 年两者出现时间相差较大（见表 4-2）。

万家寨库区 WD57 断面（距坝 57.29 km）以上库段比降较大，地形冲淤调整较小，在进行水流输沙规律分析时不再考虑。根据资料，统计了 2011~2019 年排沙期间对应的日均进出库流量、含沙量、日均水位、回水末端到 WD57 断面的距离及比降、回水末端以下的库容、水位在 950 m 以下时的冲刷历时等影响水库排沙的因素，并进行了各因素同出库输沙率的相关分析，找出影响大的因素，进行了多因子相关分析，得到如下结论：

（1）当库水位降至 950~960 m 时，出库输沙率（Q_s）同入库流量（$Q_入$）、入库含沙量（$S_入$）、回水末端到 WD57 断面的距离（L）、回水末端以下的库容（V）存在如下关系：

$$Q_s = K \frac{Q_入^{1.52} S_入^{1.06} L^{0.8}}{V^{0.56}} \tag{4-1}$$

采用式（4-1）计算值和实测值相关图见图 4-15，系数 $K=0.179$。相关系数 R 为 0.871，判定系数 R^2 为 0.759。

（2）当库水位降至 950 m 以下时，出库输沙率（Q_s）同入库流量（$Q_入$）、回水末端到 WD57 断面的距离（L）、水位低于 950 m 的冲刷历时（T）之间存在如下关系：

$$Q_s = K \frac{Q_入^{0.47} L^{2.49}}{T^{0.5}} \tag{4-2}$$

采用式（4-2）计算值和实测值相关图见图 4-16，系数 $K=0.212$。相关系数 R 为 0.774，判定系数 R^2 为 0.599。

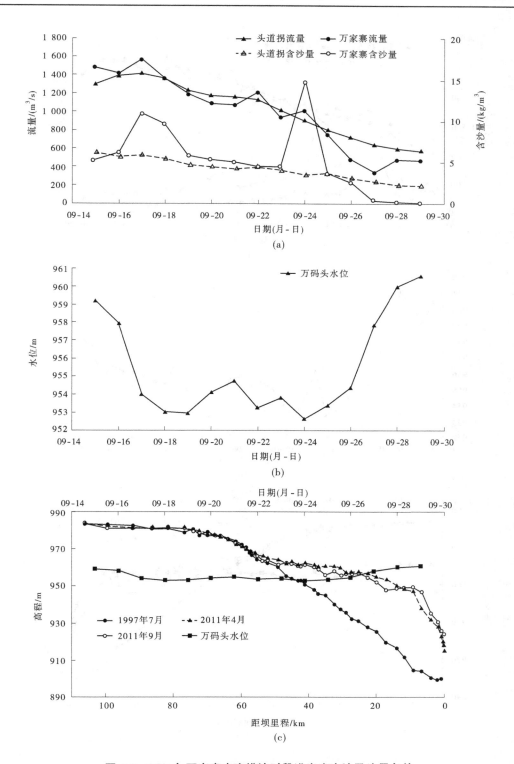

图 4-6　2011 年万家寨水库排沙时段进出库水沙及边界条件

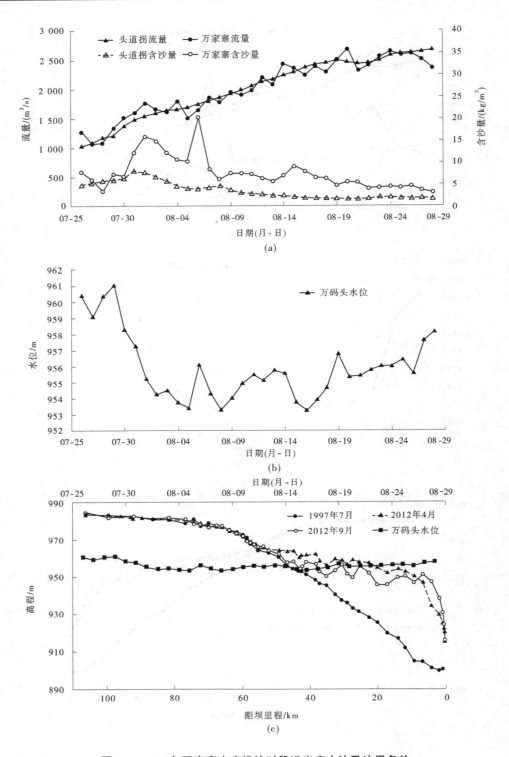

图 4-7　2012 年万家寨水库排沙时段进出库水沙及边界条件

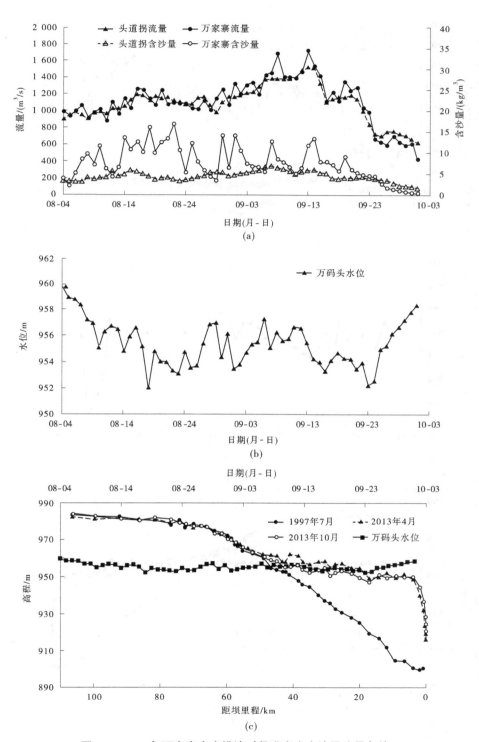

图 4-8 2013 年万家寨水库排沙时段进出库水沙及边界条件

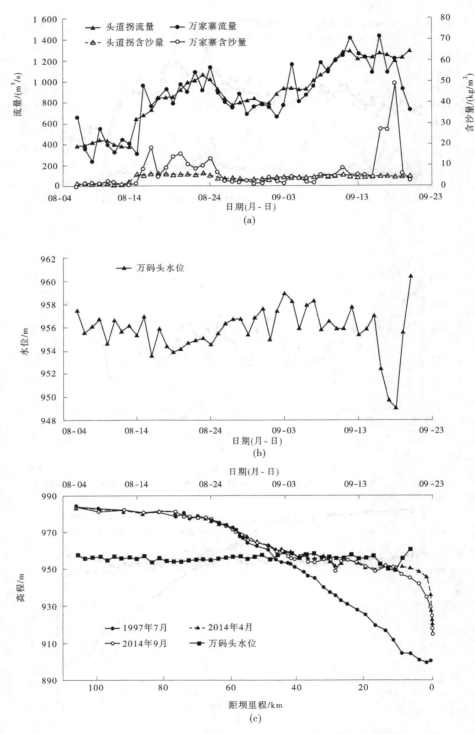

图 4-9　2014 年万家寨水库排沙时段进出库水沙及边界条件

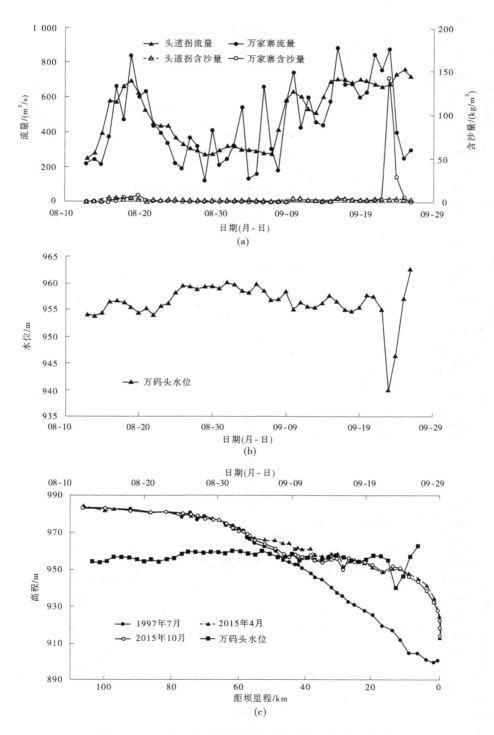

图 4-10　2015 年万家寨水库排沙时段进出库水沙及边界条件

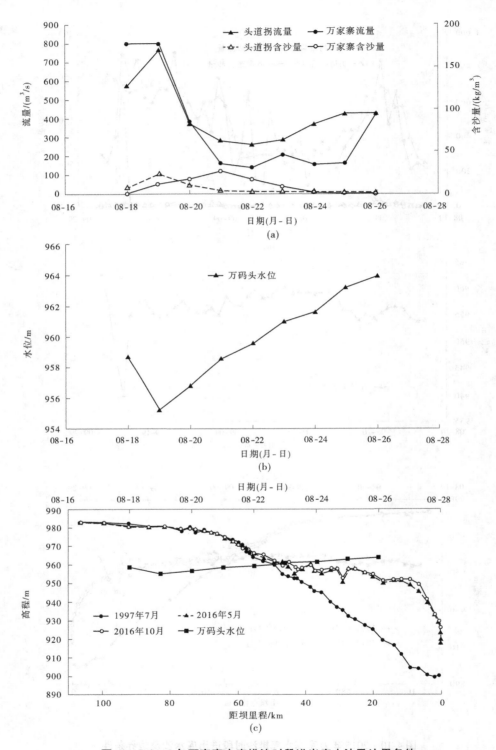

图 4-11　2016 年万家寨水库排沙时段进出库水沙及边界条件

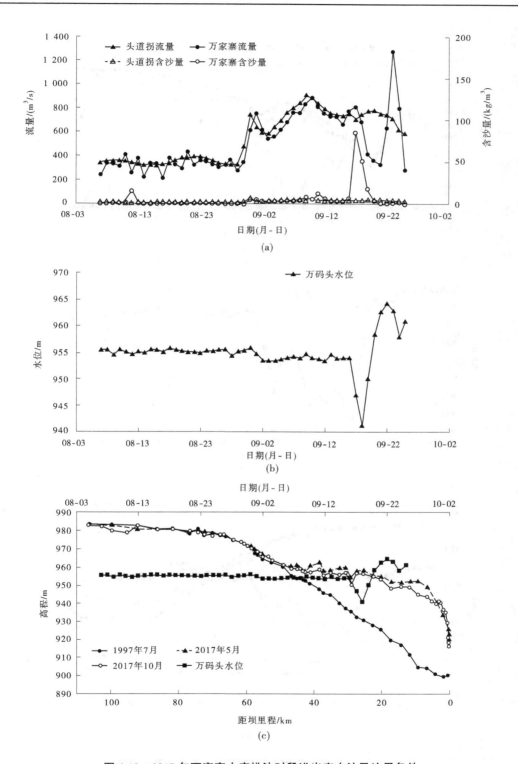

图 4-12　2017 年万家寨水库排沙时段进出库水沙及边界条件

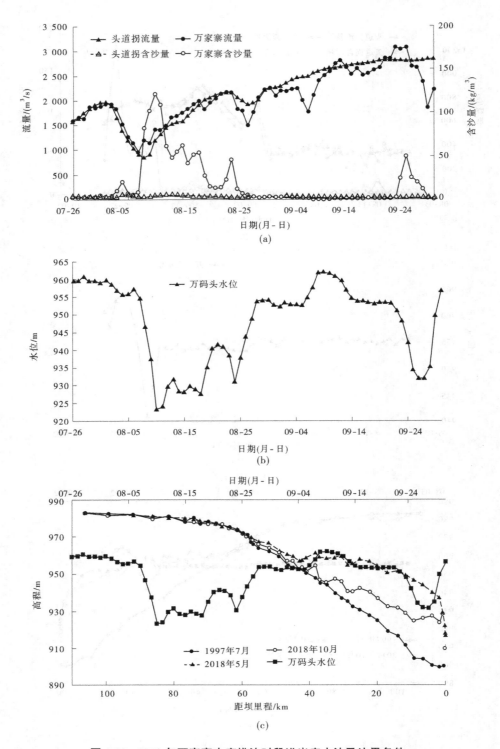

图 4-13　2018 年万家寨水库排沙时段进出库水沙及边界条件

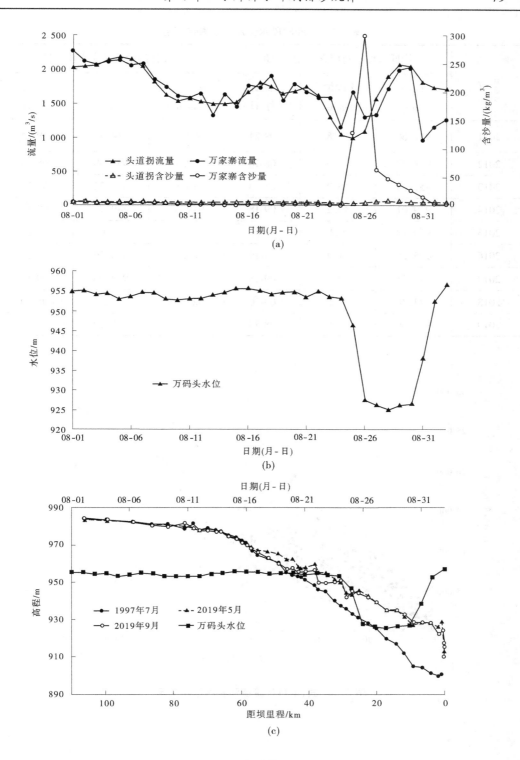

图 4-14　2019 年万家寨水库排沙时段进出库水沙及边界条件

表 4-2　排沙时段水位及含沙量特征值

年份	最低水位及对应含沙量、日期			最大含沙量及对应水位、日期		
	水位/ m	含沙量/ (kg/m³)	日期 (月-日)	含沙量/ (kg/m³)	水位/ m	日期 (月-日)
2011	952.66	14.8	09-24	952.66	14.8	09-24
2012	953.27	9.15	08-16	20.4	956.08	08-06
2013	952.03	16.2	08-18	16.8	953.22	08-22
2014	949.01	49.2	09-18	949.01	49.2	09-18
2015	939.88	144	09-23	939.88	144	09-23
2016	955.25	11.7	08-19	26.4	958.56	08-21
2017	942.21	50.9	09-18	84.7	947.06	09-17
2018	923.38	122	08-10	923.38	122	08-10
2019	925.09	47.8	08-28	300	927.50	08-26

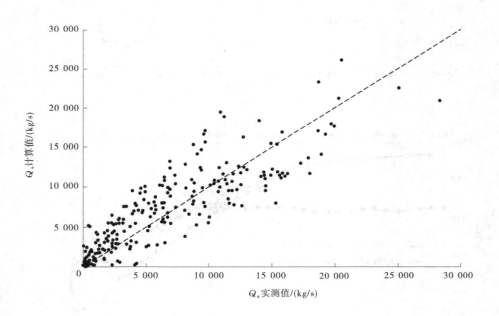

图 4-15　式(4-1)计算值和实测值相关图

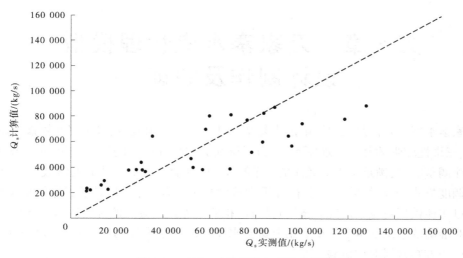

图 4-16　式(4-2)计算值与实测值相关图

4.4　小　结

（1）万家寨水库出库含沙量与运用水位密切相关。当坝前水位超过 966 m 时,水库基本不排沙;水位 966 m 以下出库含沙量随水位降低而增加。其中,当运用水位超过 957 m 时,日均出库含沙量一般不超过 10 kg/m³;当运用水位超过 950 m 时,日均出库含沙量一般不超过 20 kg/m³;当运用水位低于 950 m 时,出库含沙量迅速增加。降低水位排沙初期,出库含沙量明显大于同水位其他时段。除降水冲刷初期,日均出库含沙量大于 25 kg/m³ 时,运用水位均低于 935 m。

（2）2014 年、2015 年和 2017 年冲沙运用时,当运用水位降低时,出库含水量迅速增加;当水位升高时,出库含水量迅速降低,表明低水位冲刷历时较短,会影响冲刷效果。2018 年、2019 年较长历时敞泄冲刷结果表明冲刷效果显著。

（3）根据 2011～2019 年万家寨水库排沙期实测资料进行了各因素同出库输沙率的相关分析,得到:当库水位在 950～960 m 时,出库输沙率(Q_s)同入库流量($Q_入$)、入库含沙量($S_入$)、回水末端至 WD57 断面(距坝 57.29 km)的距离(L)、回水末端以下的库容(V)之间关系可用 $Q_s = K \dfrac{Q_入^{1.52} S_入^{1.06} L^{0.8}}{V^{0.56}}$ 表达。当库水位低于 950 m 时,出库输沙率(Q_s)同入库流量($Q_入$)、回水末端到 WD57 断面的距离(L)、冲刷历时(T)之间的关系为:$Q_s = K \dfrac{Q_入^{0.47} L^{2.49}}{T^{0.5}}$。

第 5 章　万家寨水库物理模型
设计制作及验证

万家寨水库库容恢复效果影响因素复杂。针对水沙变幅显著、水库调度频繁、地形条件复杂、三维性较强的万家寨水库而言,为了得到更加合理可靠的研究成果,最大限度地提高水库调蓄能力,满足水库对径流的调节要求,并尽量提高水电站的发电效益,开展水库优化调度方式研究时,除采用资料分析和数学模型手段外,还开展了实体模型试验研究。通过实体模型对主要研究方案进行验证,检验水库运用方式的合理性与可行性,以便得到相对准确的结果。本章主要介绍万家寨水库物理模型设计制作及验证,以便开展水库不同运用方案效果对比试验。

5.1　模型设计

5.1.1　模型设计相似条件

万家寨水库属于峡谷型水库,边界条件复杂,河流输沙以悬移质为主。因而依照《河工模型试验规程》(SL 99—2012),并根据黄河水利科学研究院(简称黄科院)在动床模型相似律方面的研究成果,考虑万家寨水库水沙特点和具体情况,在模型设计上遵循如下相似条件:

水流重力相似条件

$$\lambda_V = \lambda_H^{1/2} \tag{5-1}$$

水流阻力相似条件

$$\lambda_n = \frac{\lambda_R^{2/3}}{\lambda_V} \lambda_J^{1/2} \tag{5-2}$$

水流挟沙相似条件

$$\lambda_S = \lambda_{S_*} \tag{5-3}$$

泥沙悬移相似条件

$$\lambda_\omega = \lambda_V \frac{\lambda_H}{\lambda_{\alpha_*} \lambda_L} \tag{5-4}$$

泥沙起动及扬动相似条件

$$\lambda_V = \lambda_{V_C} = \lambda_{V_f} \tag{5-5}$$

河床冲淤变形相似条件

$$\lambda_{t_2} = \frac{\lambda_{\gamma_0} \lambda_L}{\lambda_S \lambda_V} \tag{5-6}$$

式中:λ_L、λ_H 分别为水平比尺和垂直比尺;λ_R 为水力半径比尺;λ_V 为流速比尺;λ_n 为糙率比尺;λ_J 为比降比尺;λ_S、λ_{S_*} 分别为含沙量比尺和水流挟沙力比尺;λ_ω 为泥沙沉速比尺;λ_{V_C}、λ_{V_f} 分别为泥沙起动流速比尺和扬动流速比尺;λ_{t_2} 为河床变形时间比尺;λ_{γ_0} 为淤积物干容重比尺;λ_{α_*} 为平衡含沙量分布系数比尺。

在处于蓄水条件下的水库,泥沙输移过程会发生性质上的变化,亦即处于异重流输移状态。因此,除必须保证泥沙悬移相似外,还应考虑异重流运动相似。黄科院张俊华等的研究成果认为,为保证异重流运动相似,尚需满足以下相似条件:

异重流发生(或潜入)相似条件

$$\lambda_{S_e} = \left[\frac{\gamma(\lambda_{k_1} - 1)}{\dfrac{\gamma_{s_m} - \gamma}{\gamma_{s_m}} S_p} + \lambda_{k_1} \frac{\lambda_{\gamma_s - \gamma}}{\lambda_{\gamma_s}} \right]^{-1} \tag{5-7}$$

异重流挟沙相似条件

$$\lambda_{S_e} = \lambda_{S_{e_*}} \tag{5-8}$$

异重流连续相似条件

$$\lambda_{t_e} = \lambda_L / \lambda_{V_e} \tag{5-9}$$

式(5-7)~式(5-9)中的足标"m""p""e"分别代表模型、原型及异重流有关值。式(5-7)中 λ_{k_1} 为考虑浑水容重沿垂线分布不均匀性而引入的修正系数比尺,其中 k_1 可定义为

$$k_1 = \frac{\displaystyle\int_0^{h_e} \left(\int_z^{h_e} \gamma_m \, \mathrm{d}z \right) \mathrm{d}z}{\gamma_m \dfrac{h_e^2}{2}} \tag{5-10}$$

式中:$\lambda_{\gamma_s - \gamma}$ 为泥沙与水的容重差比尺。若取 $\lambda_{k_1} = 1$,则式(5-7)为 $\lambda_{S_e} = \lambda_{\gamma_s} / \lambda_{\gamma_s - \gamma}$,即为常见的异重流发生相似条件。在运用式(5-10)时,尚需引入异重流含沙量公式。由于紊动扩散作用及重力作用仍是决定异重流挟沙运动的一对主矛盾,其浓度沿水深的分布及挟沙能力规律与一般挟沙水流应当类似。因此,作为模型设计可引用张红武的含沙量沿垂线分布公式计算异重流含沙量沿垂线分布。

此外,为保证模型与原型水流流态相似,还需满足如下两个限制条件:

(1)模型水流必须是紊流,故要求模型水流雷诺数

$$Re_m > 1\ 000 \sim 2\ 000 \tag{5-11}$$

(2)水流不受表面张力的干扰,故要求模型水深

$$h_m > 1.5\ \mathrm{cm} \tag{5-12}$$

5.1.2　模型几何比尺

万家寨水库模型拟建在"模型黄河"试验测控楼和二号试验厅之间的空地上,模型布置见图 5-1、图 5-2。

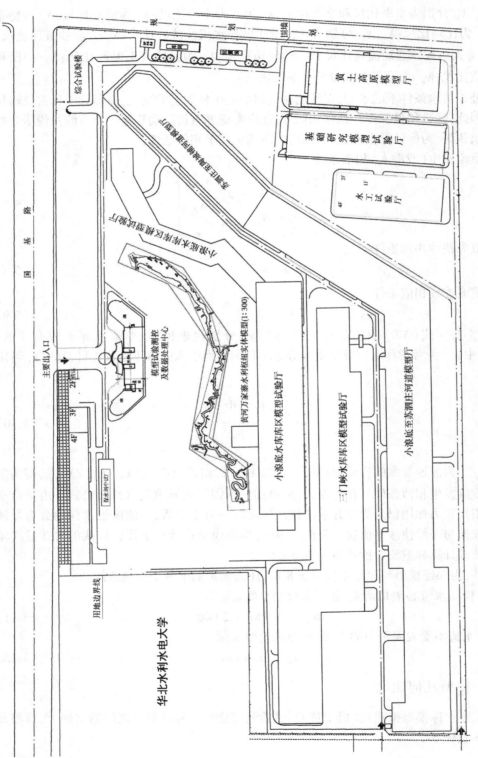

图 5-1　黄河水利科学研究院模型黄河基地平面图

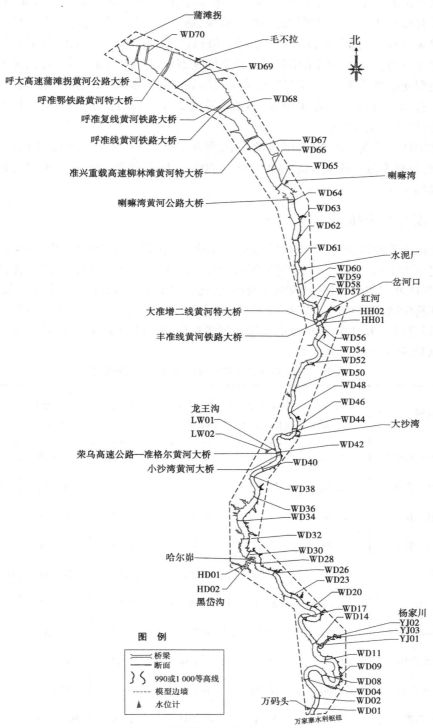

图 5-2　万家寨水库模型平面布置图

从满足试验精度要求出发,根据原型河床条件、模型水深满足 $h_m > 1.5$ cm 的要求、场地条件及对模型几何变率问题的前期研究成果,通过比选后初步选定水平比尺 $\lambda_L = 300$、垂直比尺 $\lambda_H = 60$,几何变率 $D_t = \lambda_L / \lambda_H = 5$。值得说明的是,初步选取的方案为几何变态模型。对变率的合理性分别采用张红武提出的变态模型相对保证率的概念、窦国仁提出的限制模型变率的关系式、张瑞谨等学者提出的表达河道水流二度性的模型变态指标 D_R 等进行检验,结果表明本模型采用 $D_t = 5$ 在各家公式所限制的变率范围内,几何形态的影响有限,可以满足试验要求。

拟选定从蒲滩拐上游 2 km 窄河段开始,至万家寨大坝作为万家寨枢纽工程泥沙模型模拟范围,原型库段长约 96 km,高程 900~1 000 m,按拟定的几何比尺缩尺后,模型长约 320 m,高约 1.5 m。

5.1.3　模型沙选择

动床河工模型试验中,模型沙特性对于正确模拟原型泥沙运动规律具有重要作用。特别是对于本次试验需要模拟库区冲淤调整幅度较大的原型情况来说,既要保证淤积相似,又要保证冲刷相似,因此对模型沙的物理、化学等基本特性有更高的要求。长期以来,黄河水利科学研究院对包括煤灰、塑料沙、电木粉等材料在内的模型沙的特性进行了总结,近期还进行了天然沙、煤屑及电厂煤灰等各种模型沙的土力学特性、重力特性等物理特性的试验,试验成果见表 5-1。

表 5-1　模型沙土力学特性及水下休止角试验成果

材料	容重 γ_s/ (kN/m³)	干容重 γ_0/ (kN/m³)	凝聚力 c/ (kg/m²)	内摩擦角/ (°)	水下休止角/ (°)	D_{50}/ mm
郑州火电厂粉煤灰	21.56	11.37	0.187	30.35	31~32	0.019
郑州火电厂粉煤灰	21.56	11.07	0.082	33.39	30~31	0.035
郑州火电厂粉煤灰	21.56	9.8	0.090	30.75	30~31	0.035
郑州火电厂粉煤灰	21.56	11.27	0.105	31.49	30~31	0.035
煤屑	14.70	6.86	0.080	34.99	30~31	0.03~0.05
焦炭	15.09	8.62	0.260	27.50	30~31	0.03~0.05
黄河中粉质壤土	26.74	14.21	0.035	20.57	31~32	0.025
黄河中粉质壤土	26.56	14.21	0.104	22.15	31~32	0.020
黄河重粉质壤土	26.66	14.21	0.136	19.32	31~32	0.015
郑州热电厂粉煤灰	20.58	8.81	0.060	31.20	29.5~30.5	0.037

一般来说,模型沙在潮湿的环境中固结严重,将使起动流速增加,致使模型河床冲淤与原型的相似性明显偏差(特别是影响冲刷过程的相似性)。清华大学水利水电工程系曾于1990年开展了$D_{50} \leq 0.038$ mm的电木粉起动流速试验,其结果为$h = 10$ cm时,初始条件下$V_c = 10.8$ cm/s;在水下沉积2 d后,V_c增加到12 cm/s;在水下沉积2个月后,$V_c = 21$ cm/s;而脱水固结2周后,即使流速增至28 cm/s,电木粉也不能起动。黄河水利科学研究院张俊华等曾于1996年开展了郑州热电厂粉煤灰($\gamma_s = 20.58$ kN/m³,$D_{50} = 0.035$ mm)及山西煤屑($\gamma_s = 14.7$ kN/m³,$D_{50} = 0.05$ mm)两种模型沙的起动流速试验,如图5-3所示。由图5-3可知,在相近水深条件下,山西煤屑的起动流速随着沉积时间增加有大幅度的增加。例如在水深同为4 cm条件下,水下固结96 h后,起动流速从初始的5.95 cm/s达到8.40 cm/s,脱水固结96 h后可以达到13.1 cm/s。而郑州热电厂粉煤灰的起动流速随固结时间增加而有所增大,但随时间增加所受的影响明显较小。

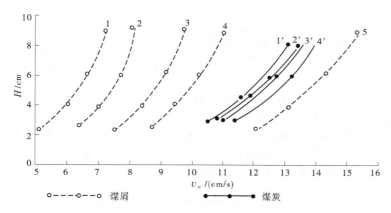

1、1′—初始;2、2′—水下固结48 h;3、3′—水下固结96 h;4—煤屑脱水固结4 h;
4′—煤灰脱水固结120 h;5—煤屑脱水固结96 h。

图 5-3　不同模型沙起动流速试验结果

研究表明,郑州热电厂粉煤灰的物理化学性能较为稳定,同时还具备造价低、宜选配加工等优点。综合各个方面,将几种可能作为万家寨水库模型的模型沙的优缺点归纳于表5-2。

此外,张红武曾分析了不同电厂粉煤灰的化学组成,发现由于煤种和燃烧设备等多方面的原因,其化学组成及物理特性相差较大,见表5-3。分析认为,粉煤灰中的酸性氧化物SiO_2、Al_2O_3等是使粉煤灰具有活性的主要物质,其含量越多,粉煤灰的活性越高。即使是同一种粉煤灰,由于颗粒粗细的不同,质量上也会有很大差异,在沉积过程中干容重也将有较大的差别,且细度越大,活性越高。采用活性高的物质作为模型沙材料时,由于处于潮湿的环境中极易发生化学变化,产生黏性,因而固结或板结严重。由表5-3可知,郑州热电厂粉煤灰中活性物质含量相对较少。此外,利用该模型沙模拟黄河小浪底水库的泥沙问题已取得了成功的经验。

表 5-2　不同模型沙优缺点对比

种类	优点	缺点
天然沙	物理化学性质稳定,造价低,固结、板结不严重,作为高含沙洪水模型的模型沙时,流态一般不失真	容重大,起动流速大,模型设计困难,凝聚力偏大
塑料沙	起动流速小,可动性大	造价甚高,水下休止角很小,容重太小,稳定性甚差,不能作为多沙河流模型的模型沙
电木粉	固结前起动流速小,易满足水流阻力、河型、悬移等相似条件	固结、板结后起动流速大增,含沙量高时流态与黄河实际偏差较大,材料造价也很高
煤屑	造价不太高,新铺煤屑起动流速小,易满足水流阻力、河型、悬移等相似条件,水下休止角适中	固结后起动流速很大,制模困难,重复使用性差,悬沙沉降时易絮凝,试验环境污染较严重,当用于黄河高含沙洪水试验时,流态易失真
郑州火电厂粉煤灰	造价低,物理化学性能稳定,容重适中,高含沙洪水试验时流态不失真,水下休止角适中,选沙容易	活性物质含量高,试验时床面固结、板结严重,模拟小河难以复演游荡特性
郑州热电厂粉煤灰	造价低,物理化学性能稳定,容重及干容重适中,选配加工方便,水下休止角适中,高含沙洪水试验时流态不失真,模型沙一般不板结,固结也不严重,能够满足游荡性模型小河的各项设计要求,并能保证模型长系列放水试验的需要	细颗粒含量少,选细沙时比火电厂粉煤灰困难,且试验环境易受污染

表 5-3　电厂粉煤灰化学组成测定结果　　　　　　　　　　　　　%

电厂名	烧失量	SiO_2	Fe_2O_3	Al_2O_3	CaO	MgO
郑州热电厂	8.12	55.8	5.50	21.30	3.01	1.22
郑州火电厂	1.46	59.8	5.80	22.60	4.85	2.06
洛阳热电厂	3.34	51.58	7.39	21.24	1.72	0.71
新乡火电厂	14.91	40.76	5.54	23.37	3.67	0.69
平顶山电厂	6.24	60.67	2.52	24.60	0.47	1.22

因此,根据黄科院多年来在悬移质泥沙模型试验方面的实践经验,认为郑州热电厂粉煤灰作为万家寨水库模型沙,是较为理想的材料。该模型沙的容重 $\gamma_s = 20.58$ kN/m³,取原型床沙容重 $\gamma_s = 2.65 \times 9.8 = 25.97 (kN/m^3)$,由此可求得 $\lambda_{\gamma_s} = 25.97/20.58 = 1.26$,水下容重比尺 $\lambda_{\gamma_s - \gamma} = 1.5$。

5.1.4　模型比尺的确定

根据上文所述的模型几何比尺及对模型沙土力学特性分析结果,把有关的指标代入所遵循的相似条件,可通过计算确定出各比尺值。

5.1.4.1　流速及糙率比尺

水流重力相似条件求得 $\lambda_V = \sqrt{60} = 7.75$,当水平比尺为 300 时,由此求得流量比尺 $\lambda_Q = \lambda_V \lambda_H \lambda_L = 139\,427$;取 $\lambda_R = \lambda_H$,由阻力相似条件求得糙率比尺 $\lambda_n = 0.885$,即要求模型糙率为原型的 1.16 倍。根据《黄河万家寨水利枢纽初步设计说明书》,万家寨水库拐上以上库段糙率值一般为 0.014~0.022,由此求得模型糙率值 $n_m = 0.016~0.026$。为分析模型糙率是否满足该设计值,作为初步模型设计,利用张红武公式对模型糙率进行分析:

$$n = \frac{\kappa h^{1/6}}{2.3\sqrt{g}\lg\left(\frac{12.27h\mathcal{X}}{0.7h_s - 0.05h}\right)} \tag{5-13}$$

式中:κ 为卡门常数,可由 $\kappa = 0.4 - 1.68(0.365 - S_V)\sqrt{S_V}$ 求得,为简便计算取 $\kappa = 0.4$;若取原型水深为 5 m,则 $h_m = 5\,\text{m}/60 = 0.08\,\text{m}$;$\mathcal{X}$ 为校正参数,对于床面较为粗糙的模型,取 $\mathcal{X} = 1$;h_s 为模型的沙波高度,对于郑州热电厂粉煤灰,根据以往试验 $h_s = 0.02~0.028\,\text{m}$。由式(5-13)可求得模型糙率值 $n_m = 0.016~0.023$,与设计值接近,初步说明所选模型沙在模型库区上段可以满足河床阻力相似条件。至于库区近坝段,其水面线主要受水库运用的影响,而河床糙率的影响相对不大。

5.1.4.2　悬沙沉速及粒径比尺

泥沙悬移相似条件式(5-4)中的 α_* 值,是随泥沙的悬浮指标 $\omega/\kappa u_*$ 的改变而变化的,若原型 $\omega/\kappa u_* > 0.15$,式(5-4)可归纳为

$$\lambda_\omega = \lambda_V\left(\frac{\lambda_H}{\lambda_L}\right)^m \tag{5-14}$$

对于 $\omega/\kappa u_* \leqslant 0.15$ 的细沙,其悬移相似条件可表示为

$$\lambda_\omega = \lambda_V\left(\frac{\lambda_H}{\lambda_L}\right)^{0.97}\exp\left[4.4\left(\frac{\omega}{\kappa u_*}\right)_p\left(\frac{\lambda_V}{\lambda_\omega}\sqrt{\frac{\lambda_H}{\lambda_L}} - 1\right)\right] \tag{5-15}$$

根据万家寨水库实测资料分析计算,求得悬浮指标 $\omega/\kappa u_* > 0.15$,因此可采用式(5-14)计算泥沙的沉速比尺 λ_ω。分析原型资料后,可取 m 为 0.75,即模型 λ_ω 为 2.32。

由于原型及模型沙都很细,可采用滞流区公式计算沉速,由此可得到悬沙粒径比尺关系式:

$$\lambda_d = \left(\frac{\lambda_\omega \lambda_\nu}{\lambda_{\gamma_s - \gamma}}\right)^{1/2} \tag{5-16}$$

式中:λ_ν 为水流运动黏滞系数比尺,该比尺与原型及模型水流温度及含沙量大小等因素有关,若原型及模型两者水温的差异较大,可使 λ_ν 有很大的变化幅度,进而使 λ_d 有较大的取值范围。显然,在模型设计时给 λ_d 一定值是不合适的,合理的确定方法是,在试验过程中可根据原型与模型温差等适当选 λ_d。

5.1.4.3　模型床沙粒径

黄科院研究成果表明,不同种类的模型沙,由于其容重、颗粒形状等方面存在较大差异,尚不能直接由现有的泥沙起动流速公式计算模型沙的起动流速,而且这些公式用于天

然河流(特别是黄河),其计算结果也会偏小不少。正因如此,对于黄河沙质河床的模型设计,不能直接采用以泥沙起动流速公式推求比尺关系的办法确定模型床沙粒径比尺,而不得不采用确定原型泥沙的起动流速和不同粒径模型沙的起动流速,然后视两者的比值(λ_{V_C})是否满足相似条件式(5-5),若满足,则该模型沙粒径即为模型床沙的粒径。

黄科院在开展黄河河道模型设计时,根据文献[10]等资料,点绘天然河床不冲流速与床沙质含沙量的关系曲线,并视该曲线含沙量等于零的流速为起动流速,由此得 $h=1\sim2$ m 时,$v_c \approx 0.90$ m/s。

对于水库来讲,由于调度方式不同,在库区可形成单一的淤积或冲刷过程。在水库淤积或冲刷过程中,床沙粒径变幅较大,此外,由于泥沙的沿程分选作用,床沙沿纵向分布亦有较大差别。据 2005 年床沙实测资料统计,床沙中值粒径变化幅度一般为 $0.028\sim0.094$ mm。由土力学知识,泥沙中值粒径为 $0.06\sim0.08$ mm,可划分为中壤土或轻壤土;中值粒径为 $0.025\sim0.06$ mm,可划归为重壤土或中壤土一类,由文献[12]查得当水深为 1 m 时,两者起动流速分别为 0.7 m/s 及 0.9 m/s。若满足相似条件式(5-5),则起动流速比尺 λ_{V_C} 应为 7.75,要求模型沙在水深为 2.2 cm 时的起动流速为 $0.10\sim0.13$ m/s。通过模型沙起动流速试验,发现中值粒径 D_{50} 为 $0.018\sim0.035$ mm 的郑州热电厂粉煤灰可以满足这一要求。即中值粒径为 $0.018\sim0.035$ mm 的模型沙相应的起动流速比尺与流速比尺相等。

显然,当水深增加时,原型沙起动流速将有所增加。由文献[12]可知,当水深不为 1 m 时,不冲流速可由式(5-17)计算

$$V_B = V_{c_1} h^{1/4} \qquad (5-17)$$

式中:V_{c_1} 为 $h=1$ m 时的不冲流速。根据黄科院给出的郑州热电厂粉煤灰起动试验资料,可得知在原型水深为 $1\sim20$ m 的范围内,上述初选的模型沙可以满足起动相似条件。例如当原型水深为 12 m 时,求得起动流速为 1.30 m/s($R \approx h$)。由模型沙的起动流速试验得出 $V_{cm} = 17$ cm/s,则起动流速比尺 $\lambda_{V_C} = 7.65$,与整体动床模型 $\lambda_V = 7.75$ 接近。

根据窦国仁及黄科院水槽试验结果,与原型情况接近的天然沙的扬动流速一般为起动流速的 $1.54\sim1.75$ 倍。若取原型扬动流速 $V_f = 1.65 V_c$,可求得原型水深为 $2\sim8$ m 的床沙扬动流速 $V_{f_p} = 1.37\sim2.08$ m/s。参阅文献[4]资料,模型相应的床沙扬动流速 V_{f_m} 为 $0.17\sim0.24$ m/s,则相应求出 $\lambda_{V_f} = 8.07\sim8.67$,与模型 $\lambda_V = 7.75$ 接近,表明模型所选床沙可以近似满足扬动相似条件。

5.1.4.4 含沙量比尺

由式(5-3)知,含沙量比尺可通过计算水流挟沙力比尺来确定。文献[12]提出了同时适用于原型沙及轻质沙的水流挟沙力公式:

$$S_* = 2.5 \left[\frac{\xi(0.0022 + S_V) V^3}{\kappa \left(\dfrac{\gamma_s - \gamma_m}{\gamma_m} \right) gh\omega_s} \ln\left(\frac{h}{6D_{50}} \right) \right]^{0.62} \qquad (5-18)$$

式中:κ 为卡门常数;γ_m 为浑水容重;ω_s 为泥沙在浑水中的沉速;V 为流速;h 为水深;D_{50} 为床沙中值粒径;S_V 为以体积百分比表示含沙量;ξ 为容重影响系数,可表示为

$$\xi = \left(\frac{1.65g}{\gamma_s - \gamma} \right)^{2.25} \qquad (5-19)$$

对于本次选用的模型沙 γ_s 约为 20.58 kN/m³,则 $\xi=2.5$。对原型沙,$\gamma_s=25.97$ kN/m³,则 $\xi=1$。

采用式(5-18)计算水流挟沙力,应考虑含沙量对 κ 值及 ω 的影响,两者与含沙量的关系分别为

$$\kappa = \kappa_0 \left[1 - 4.2\sqrt{S_V}(0.365 - S_V) \right] \tag{5-20}$$

$$\omega_s = \omega_{cp}(1 - 1.25S_V)\left(1 - \frac{S_V}{2.25\sqrt{d_{50}}} \right)^{3.5} \tag{5-21}$$

式中:κ_0 为清水卡门常数,取为 0.4;ω_{cp} 为泥沙在清水时的平均沉速,cm/s;d_{50} 为悬沙中值粒径,mm。

将万家寨水库库区头道拐断面原型资料代入式(5-18),可得到原型水流挟沙力 S_{*p}。同时采用原型有关物理量及相应的比尺值代入上述计算式,并通过试算可得到模型水流挟沙力 S_{*m},该值变化幅度为 1.25~1.65,因此本模型设计初步取其平均值,亦即含沙量比尺 λ_S 约为 1.45。

5.1.4.5 时间比尺

动床泥沙模型一般存在着两个时间比尺,即由水流连续相似导出的时间比尺 $\lambda_{t_1} = \lambda_L/\lambda_V$ 及由河床变形相似导出的时间比尺 λ_{t_2}[式(5-6)]。若两者相差较大,即所谓的时间变态。对于非恒定的原型状况,模型中时间变态将不能保证水力要素相似,进而还会影响泥沙运动的相似性,且河床冲淤变形也难做到严格的相似,特别是对于水库模型更是如此。

当模型几何比尺确定后,水流时间比尺 λ_{t_1} 即为定值,对于本模型 $\lambda_{t_1}=38.7$。而河床冲淤变形时间比尺 λ_{t_2} 还与泥沙干容重比尺 λ_{γ_0} 及含沙量比尺 λ_S 有关。模型沙干容重根据郑州热电厂粉煤灰进行沉积过程试验,测得模型沙初期干容重为 6.86~7.25 kN/m³($d_{50}=0.016$~0.017 mm),取平均值为 7.06 kN/m³。从现有水库观测资料看,对于初期干容重,主要与淤积物粒径有关,粒径越细,干容重越小。由于泥沙的分选作用,库区淤积物沿程逐渐变细,干容重亦随之减小。通过实测资料分析认为,一般情况下对于水库下段,初始淤积物干容重一般为 9.8~11.96 kN/m³,可取 11.27 kN/m³。由原型及模型沙干容重可求得 $\lambda_{\gamma_0}=1.60$。由式(5-6)可以求得河床变形时间比尺:

$$\lambda_{t_2} = \frac{\lambda_{\gamma_0}\lambda_L}{\lambda_S\lambda_V} \approx \frac{1.60}{1.45} \times \frac{300}{7.75} = 42.7 \tag{5-22}$$

可见,λ_{t_2} 与水流运动时间比尺 λ_{t_1} 比较接近,对于所要开展的非恒定库区动床模型试验,可以避免常遇到的两个时间比尺相差甚远所带来的时间变态问题,也不至于对水库蓄水、排沙及异重流运动的模拟带来不利影响。

由上述设计可知,模型设计不仅考虑了一般水流运动相似及泥沙运动相似条件,还考虑了在水库蓄水条件下将可能发生异重流运动的相似问题。

选用粉煤灰作为模型沙,不仅选配加工相对容易,而且还具有干容重小、凝聚力弱、起动流速小及不易板结,能保证模型长系列放水试验的需要等优点。同时,能够满足起动及扬动相似条件,使模型不但能够满足淤积相似,还能够保证河床的冲刷相似。

　　另外,模型设计还兼顾了水流运动时间比尺与河床冲淤变形时间比尺接近,从而可避免在开展非恒定库区动床模型试验中,因两个时间比尺相差较大所带来的时间变态问题,能够消除由此对水库蓄水、排沙及异重流运动的模拟所带来的不利影响。

　　按照前述模型相似率分析计算确定的模型主要比尺汇总见表5-4。

表 5-4　万家寨水库模型主要比尺汇总

比尺名称	比尺数值	依据
水平比尺 λ_L	300	试验要求及场地条件
垂直比尺 λ_H	60	满足表面张力及变率限制条件
流速比尺 λ_V	7.75	水流重力相似条件
流量比尺 λ_Q	139 427	$\lambda_Q = \lambda_L \lambda_H \lambda_V$
糙率比尺 λ_n	0.885	水流阻力相似条件
沉速比尺 λ_ω	2.32	泥沙悬移相似条件
容重差比尺 $\lambda_{\gamma_s - \gamma}$	1.5	郑州热电厂粉煤灰
悬沙粒径比尺 λ_d	1.03	
含沙量比尺 λ_S	1.45	挟沙相似及异重流相似条件
干容重比尺 λ_{γ_0}	1.60	$\lambda_{\gamma_0} = \gamma_{0p}/\gamma_{0m}$
水流运动时间比尺 λ_{t_1}	38.7	$\lambda_{t_1} = \lambda_L/\lambda_V$
河床变形时间比尺 λ_{t_2}	42.7	河床冲淤变形相似条件

5.2　模型制作

5.2.1　主要内容

　　黄河万家寨水库物理模型依照《河工模型试验规程》(SL 99—2012),采用黄科院多沙河流水库模型相似律研究成果,结合万家寨水库水沙特点和边界条件进行设计与制作。模型布置在黄科院"模型黄河"沙门基地小浪底水库库区模型试验厅北侧。

　　选定从蒲滩拐上游2 km窄河段开始,至万家寨大坝96 km河段作为万家寨水利枢纽物理模型模拟范围。模型进口上距头道拐水文站约18 km,上距水库最高正常蓄水位980 m回水末端约24 km。模拟原型高程范围从900 m至1 000 m,按拟定的几何比尺缩尺后,模型长约320 m、高约1.5 m。模型边墙长度576 m,平面面积2 885 m²。

　　为了进行长系列、不间断模型试验,避免受天气变化影响及确保测控设备运行安全,需要修建简易试验厅(见图5-4)。

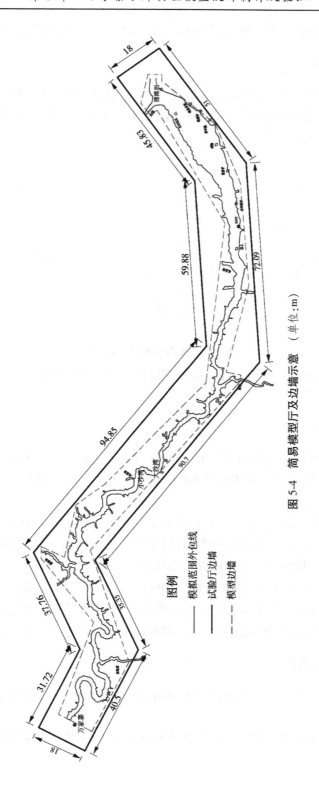

图 5-4　简易模型厅及边墙示意　（单位：m）

建设内容包括模型土建工程、定床地形制作、进出口自动控制系统及简易试验厅。

5.2.2　简易模型厅

为了进行长系列、不间断模型试验,避免受天气变化影响及确保测控设备运行安全,根据模型设计结果,考虑工作通道,量算得出简易模型厅长约 290 m、宽约 18 m,建筑面积约 5 200 m²(见图 5-5)。

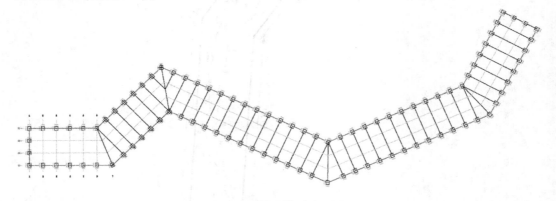

图 5-5　简易模型厅平面

参照前期调研情况,简易模型厅整体采用敞棚式、轻型钢结构、彩钢板棚顶,进出口位置局部封闭。

5.2.3　模型土建工程

模型拐上至坝前河段模拟高程范围为 900～990 m,拐上至蒲滩拐河段模拟高程至 1 000 m。选用水平比尺 300、垂直比尺 60,模型河道长约 320 m、高约 1.5 m,模型厅和模型平面布置见图 5-1。

模型边墙周长约 580 m,边墙 0.5 m 高度以下墙厚 0.5 m,上部 0.8 m 高度范围墙厚 0.24 m,内侧水泥抹面 2 遍,中间加防水布;模型边墙之间铺黄土夯实后开挖出模型定床范围,沿模型定床边界砌 0.12 m 厚墙并水泥抹面。

河道内断面(原始断面 82 个,内插断面 106 个)平均高约 1 m、宽约 2.5 m,干流河道长约 320 m,支流河道长约 40 m;断面线位置与岸边陡峭河段定床边墙厚 0.24 m(见图 5-6),岸边坡度较缓河段断面之间定床边墙厚度 0.12 m 或 0.06 m(见图 5-7)。

5.2.4　定床地形制作

模型定床制作基于 1997 年实测大断面结合地形图,并考虑运用过程中最大可动边界。

模拟范围内干流有 70 个断面,支流有杨家川 5 个断面、黑岱沟 4 个断面、龙王沟 2 个断面、红河 5 个断面。

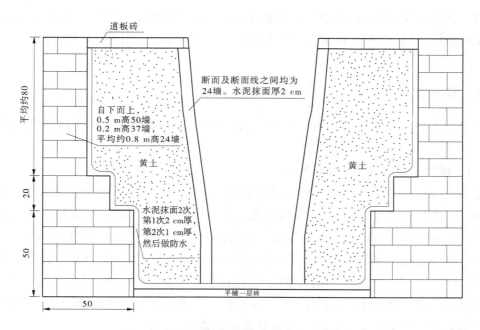

图 5-6　模型剖面示意(岸边陡峭)　(单位:cm)

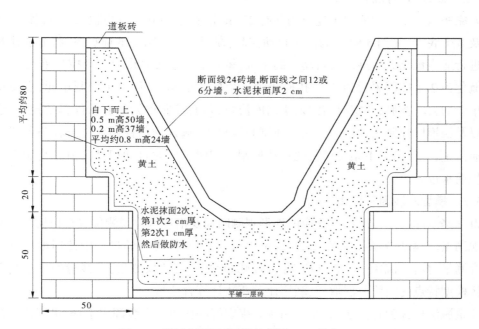

图 5-7　模型剖面示意(岸边缓坡)　(单位:cm)

　　定床地形制作是整个物理模型的关键技术环节,关系到试验数据的可靠性。为满足模型制作需求,在万分之一地形图上内插断面,确保模型两断面之间距离不大于 1 m,并在模型边墙上标出大断面及内插断面位置。用小型钩机或挖掘机在压实的黄土上勾出河道位置。在实测或内插断面位置处砌出断面形态,断面之间根据万分之一地形图放样,并砌出定床地形,而后水泥砂浆抹面。图 5-8 给出了模型定床制作过程中部分施工现场照片。

5.2.5　模型测控

万家寨水库模型进出口观测与控制采用北京尚水信息有限公司研制的模型监控系统。

5.2.5.1　模型进口水沙过程控制系统

模型进口供水加沙采用清、浑水两套独立的循环系统。清水系统由电脑自动控制系统完成,清水流量用电磁流量计精确控制,量程为 1～43 L/s,对应原型流量 140～6 000 m³/s,通过专用管道输送至模型进口的前池。浑水系统包括搅拌池、专用管道、孔口箱等。加沙过程是首先在搅拌池按级配要求配制成高浓度的浑水,再通过管道输送至孔口箱,开启经预先率定过的不同泄量的孔洞组合,来控制进入模型的浑水流量。清、浑水在模型进口过渡段充分混合后进入模型试验段。多次流量及含沙量测验结果表明,用上述控制方式可方便快捷地使流量、含沙量满足试验精度要求。

5.2.5.2　模型出口控制

万家寨水利枢纽主要泄水建筑物共有 23 条孔洞,包括 6 个发电洞、5 个排沙孔、4 个中孔及 8 个底孔(见图 5-9)。为便于自动控制,在保证试验精度的前提下,将泄水建筑物孔洞进行适当概化。模型出口自动控制系统,将 6 个发电孔概化为 3 个控制单元、5 个排沙孔概化为 2 个控制单元、8 个底孔概化为 2 个控制单元,合计 7 个控制单元,实现每个控制单元的自动控制,并实时监测采集出库流量,每套控制单元具有软件自动控制、手动控制以及触摸屏控制 3 种控制方式。在试验过程中,输入坝前控制水位过程与各泄水孔洞的泄流量,一般情况下系统可实现自动控制。同时可实时自动记录各泄流孔洞实际流量及坝前水位。

5.2.5.3　模型水沙因子采集

万家寨水库模型按照原型相应的地形观测断面及沿程水位观测位置布设模型观测位置及观测点。模型沿程水位测量采用大量程自动水位计,在试验过程中使用地形测量仪器配合测量、校核;流速采用长江科学院研制的旋桨式流速仪测量;含沙量的采集利用适合库区模型特点的吸管分层取样,利用比重瓶法计算含沙量。

比重瓶法也称为置换法,它是采用预先率定好的比重瓶灌装浑水水样,进行称重及水温测验,之后用浑水重减去同温度清水重,两者差值除以比重瓶体积,再乘以水沙置换系数即得到水体含沙量。大部分情况下,比重瓶法测量结果较为准确,在较低含沙量时,受温度以及测量人员取样影响,该测验方法误差相对较大。

(a)　　　　　　　　　　　(b)

(c)　　　　　　　　　　　(d)

(e)　　　　　　　　　　　(f)

图 5-8　局部施工现场图片

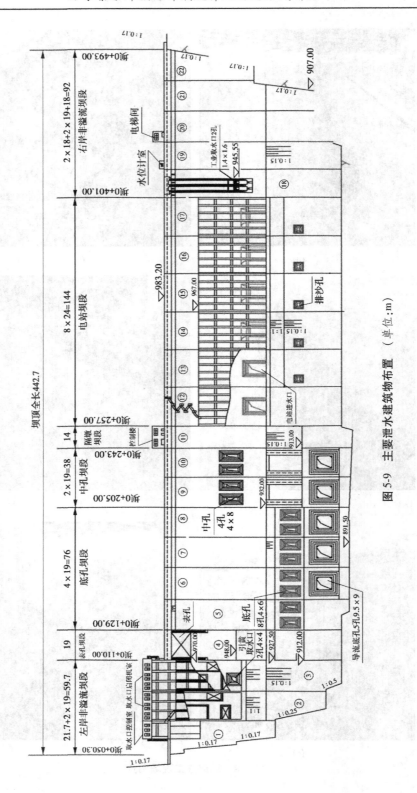

图 5-9 主要泄水建筑物布置 （单位：m）

5.3　模型验证试验

5.3.1　验证试验条件与控制

2010 年以前万家寨水库汛期未进行过主动排沙,2011~2013 年汛期适时开展了排沙试验,2014 年 9 月 16~18 日,万家寨水库首次开展了冲沙运行。

根据试验要求,综合分析万家寨水库运用以来进出库水沙过程、水库运用情况及其代表性,选定 2014 年 7~10 月的水沙过程作为验证试验的水沙条件,该时段包括了 2014 年降水冲刷洪水过程。为了和原型断面地形、库区冲淤等一致,根据万家寨水库汛前(4 月)实测大断面测验资料制作动床地形,并按水沙量相等的原则,将 5 月、6 月水沙过程进行概化后添加到选定水沙过程的前面。

5.3.1.1　入库水沙条件

万家寨水库 2010 年以前汛期未进行过主动排沙,2011~2013 年汛期适时开展了排沙试验,2014 年 9 月 16~18 日首次开展了冲沙运行。综合分析万家寨水库运用以来进出库水沙过程、水库运用情况与代表性,选定 2014 年 7~10 月的水沙过程作为验证试验的水沙条件。为了和原型断面地形、库区冲淤等一致,根据万家寨库区汛前(4 月)实测大断面测验资料制作动床地形,并按水沙量相等的原则,将 5 月、6 月水沙过程进行概化后添加到选定水沙过程的前面。

万家寨水库入库干流水沙控制站为头道拐水文站,2014 年万家寨水库库区支流入汇水沙量较少,可略而不计,仅以干流头道拐水文站水沙量作为万家寨水库入库值。验证时段入库水量、沙量分别为 77.26 亿 m³、0.300 5 亿 t,最大流量为 1 430 m³/s(9 月 27 日),最大含沙量为 6.07 kg/m³(7 月 6 日)。验证时段入库日均流量、含沙量过程见图 5-10。

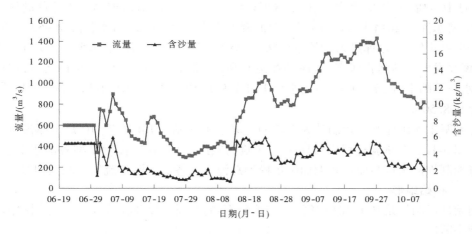

图 5-10　验证时段入库日均流量、含沙量过程

5.3.1.2 水库运用水位及泄流控制

按照《黄河万家寨水利枢纽 2014 年汛期调度运用方案》的要求,万家寨水库库水位在 7 月 1 日至 9 月 20 日按 966 m 控制,10 月 1~20 日按 974 m 控制;9 月 21~30 日由 966 m 向 974 m 过渡,10 月下旬由汛期向非汛期过渡。

万家寨水库实际调度过程库水位变化见图 5-11。7 月 1~3 日水位大幅度下降,由 971.72 m 下降至 964.17 m;7 月 3~27 日,库水位在 959.29~964.53 m 波动;7 月 27 至 8 月 7 日,库水位再次下降,由 7 月 27 日的 964.01 m 下降至 8 月 7 日的 955.52 m;8 月 7 日至 9 月 15 日库水位相对较低,基本维持在 955 m 左右,波动范围为 953.44~958.87 m。

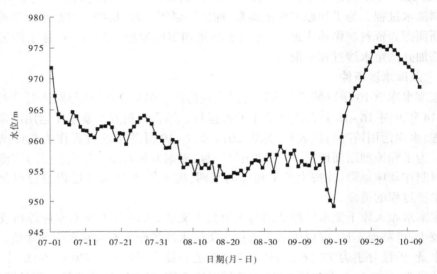

图 5-11 验证时段库水位变化过程

9 月 16~18 日,万家寨水库进行了冲沙运行。根据黄河防汛抗旱总指挥部的调度指令,万家寨水库于 2014 年 9 月 16 日 8 时起降低库水位,11 时 20 分水位降至 952 m 以下,机组全部停止发电,水库进入冲沙运行状态,至 18 日 22 时 45 分,水库水位回升至 952 m 以上,恢复发电排沙运行状态,水库冲沙运行历时 62 h 45 min。9 月 18 日之后,水库蓄水,库水位不断上升,至 10 月 1 日,水位上升至 975.10 m,之后水位有所下降,至 10 月 12 日降至 968.50 m。

万家寨水库出库水沙控制站为下游的万家寨水文站,2014 年 7~10 月出库流量变化过程见图 5-12。在试验过程中按照泄水建筑物实际运用情况,控制模型各泄水洞启闭,并通过控制坝前水位与原型相似而满足模型总泄量及各泄水洞分流比与原型相似。

5.3.1.3 初始地形

初始地形制作是基于 2014 年汛前实测断面测验资料,以及在万分之一地形图中内插的若干小断面。

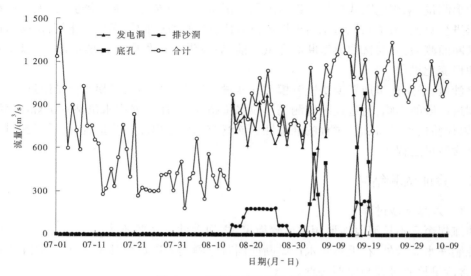

图 5-12　日均出库流量变化过程

2015 年 4 月,万家寨水库坝前淤积面高程 920 m 左右,距坝 0.69 km 的 WD01 断面河床高程为 936.15 m(见图 5-13),以下为坝前小漏斗。最高运用水位 980 m 以下总库容为 4.347 4 亿 m³,调洪库容为 2.756 3 亿 m³。

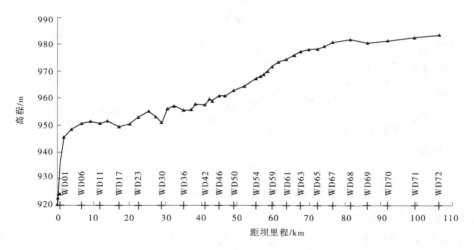

图 5-13　2014 年汛前干流纵剖面(深泓点)

5.3.1.4　测验内容及测验方法

万家寨水库模型验证试验测验内容主要包括沿程水位、控制断面含沙量、汛前汛后全库区地形与典型断面地形变化过程。

沿程水位:采用超声自动水位计自上而下沿程观测蒲滩拐、毛不拉、喇嘛湾、水泥厂、岔河口、大沙湾、哈尔崆等原型布设的水位站的断面,坝前万码头站作为库水位控制站,由出口控制系统自动记录。

地形测量:采用电阻式地形仪进行测量。试验前进行全库区断面测验,以便与原型汛前地形进行对比;为了与原型汛后地形进行对比,计算库区冲淤、库容变化等,试验后进行全库区断面测验;同时选取典型断面在洪水前、后及洪水过程中进行地形测量,以便对比分析地形变化过程。

含沙量:采用比重瓶置换法监测模型含沙量。模型进口为蒲滩拐水位站附近,为避免受模型进口段的影响,通过连续监测毛不拉水位站断面(距蒲滩拐水位站 6.7 km)含沙量过程,以检验模型进口加沙过程的准确性。连续监测模型出库含沙量过程,适时测量各泄水孔洞含沙量过程。

5.3.2 验证试验结果

5.3.2.1 入库水沙过程

蒲滩拐至毛不拉河段地形相对比较稳定,之间含沙量调整不大。入库含沙量除模型进口控制浑水流量外,在毛不拉水位站断面同时监测模型进口含沙量。从图 5-14 中可以看出,含沙量控制过程与原型接近。

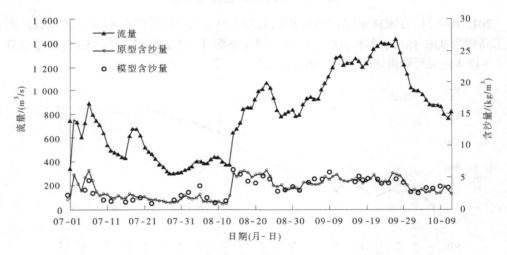

图 5-14 进口含沙量变化对比

5.3.2.2 出库水沙变化对比

万家寨水库实测资料显示,从 7 月 28 日起库水位基本连续下降,8 月 6 日水库开始排沙,相应出库含沙量为 0.36 kg/m³;模型试验开始排沙时间略有滞后,为 8 月 7 日,相应出库含沙量为 2.9 kg/m³,与当日的原型实测出库含沙量 1.59 kg/m³ 相比略大;原型实测排沙结束时间为 9 月 25 日,模型较原型滞后 2 d,最后 2 d 的日均出库含沙量分别为 0.53 kg/m³ 和 1.12 kg/m³,模型与原型排沙时段比较接近。对比原型与模型逐日含沙量过程可以看出,模型出库含沙量总体大于原型出库含沙量,见图 5-15。

为分析模型验证可信度,对验证时段内的总量进行了分析。原型实测入库沙量 0.300 5 亿 t,出库沙量 0.297 1 亿 t,按沙量平衡法统计,库区淤积 0.003 4 亿 t。而由汛前汛后地形测量资料统计,断面法库区冲刷 0.182 8 亿 m³,两者定性不一致且量值相差较

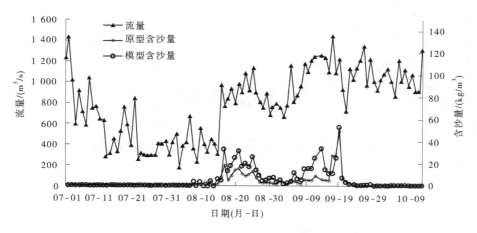

图 5-15　出库含沙量对比

大。模型试验出库沙量 0.497 7 亿 t,较入库沙量增加 0.197 2 亿 t,定性为库区产生冲刷且量值与断面法库区冲刷量值接近,故认为模型出库含沙量相对合理,故水库排沙时段,模型含沙量基本上整体高于原型含沙量是合理的。

5.3.2.3　水位变化

试验期间,大部分时段库水位均在 964 m 以下,回水末端距坝约 52 km,位于库区上段的蒲滩拐、喇嘛湾、水泥厂、岔河口均在回水末端以上,脱离回水影响,水位变化主要受入库流量及河道冲淤影响。哈尔峁站距坝 28.7 km,同时受入库水沙、河道冲淤及坝前回水影响;当水位高于 955 m 时,哈尔峁站位于回水区,主要受坝前水位影响,当水位较低时,主要受入库流量及河床冲淤影响。

总体来讲,蒲滩拐水位站距进口较近,大约 500 m,受进库水位波动影响变幅相对较大,但误差均在 0.30 m 范围之内。其余各站模型水位与原型水位过程符合较好,说明模型满足阻力相似及河床变形过程相似。部分时段及断面水位对比见图 5-16 和图 5-17。

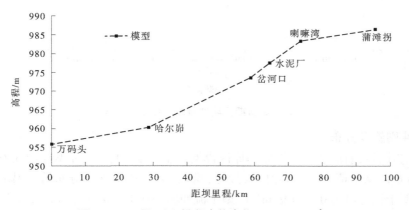

图 5-16　9 月 11 日沿程水位变化($Q = 1\ 280\ m^3/s$)

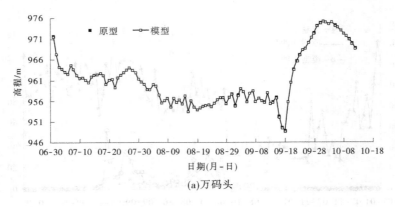

(a)万码头

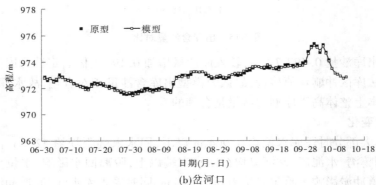

(b)岔河口

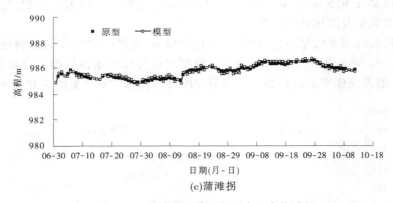

(c)蒲滩拐

图 5-17　试验期间典型断面水位变化过程

5.3.2.4　冲刷量及分布

模型试验期间,断面法计算万家寨库区模型冲刷 0.172 亿 m³,原型冲刷 0.182 亿 m³,相对误差为 6%,从量值来看,两者比较接近,见表 5-5。从干支流分布看,冲刷主要集中在干流,模型干流冲刷为 0.170 亿 m³、原型干流冲刷为 0.180 亿 m³,相对误差为 6%;从库段分布来看,冲刷主要集中在 WD54(距坝 55.158 km)断面以下,该库段模型冲刷 0.165 亿 m³,原型冲刷 0.178 亿 m³,相对误差为 7.3%。总体来看,库区冲刷总量以及分布,模型与原型均比较接近(见图 5-18)。

表 5-5　库区冲淤量分布对比　　　　　　　单位:亿 m³

项目	WD00—WD54				WD54—WD64		WD64—WD72	合计
	干流	杨家川	黑岱沟	龙王沟	干流	红河		
模型	0.164	0.001	0	0.001	0.003	0	0.003	0.172
原型	0.177	0.001	0	0.001	0.001	0	0.002	0.182

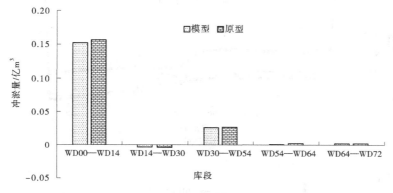

图 5-18　库区冲淤量对比

5.3.2.5　地形变化

1. 纵剖面

试验期间,库水位变幅较大,其中 8 月 6 日至 9 月 19 日,库水位基本维持在 957 m 以下,9 月 17~18 日,库水位低于 950 m,WD54 断面以下,尤其是 WD11(距坝 11.704 km)以下,发生强烈冲刷。总体来讲,模型与原型相比,纵剖面变化趋势一致,各断面高程也比较接近,如图 5-19 所示。

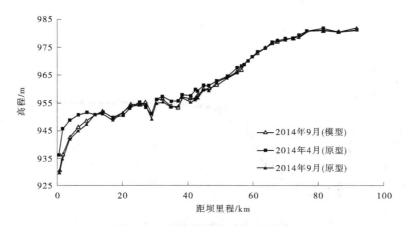

图 5-19　干流纵剖面对比(深泓点)

2. 横断面

受坝前控制水位及入库水沙影响,WD11 断面以下库段发生较大幅度冲刷,如 WD06、

WD08,特别是 WD04 断面以下库段,滩面淤积泥沙粒径较细,且沉积历时较短,随着河床大幅度下切,滩面整体出现滑塌,如 WD01、WD02;自下而上,断面冲刷幅度逐渐减小,如 WD17、WD48;WD55 断面以上冲淤变化较小,如 WD58、WD66。由试验前后模型与原型断面套绘图 5-20 可看出,两者形态基本一致,冲淤变化比较接近,表明模型冲淤性质、冲淤部位以及断面形态都与原型的相似。

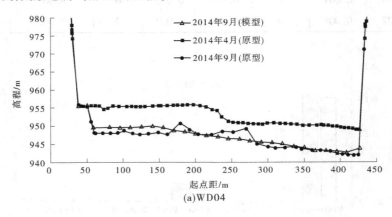
(a)WD04

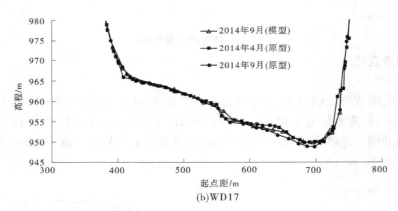
(b)WD17

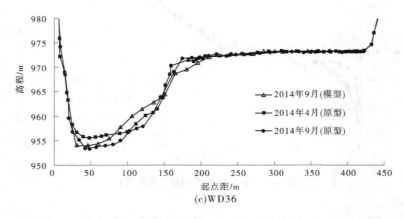
(c)WD36

图 5-20　典型横断面对比

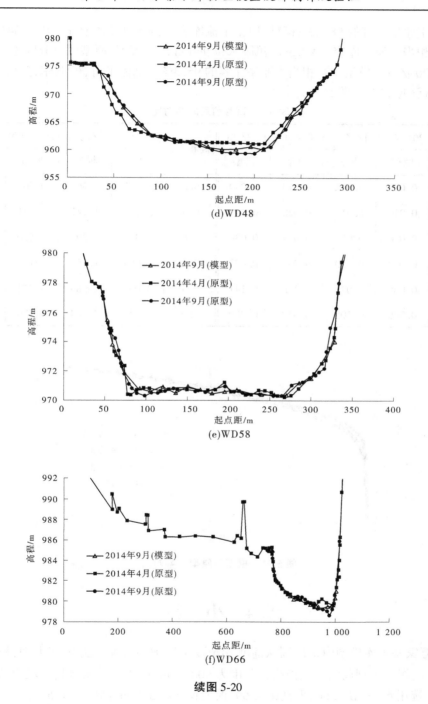

(d)WD48

(e)WD58

(f)WD66

续图 5-20

5.3.2.6　库容变化

模型初始地形在 980 m 高程以下总库容为 4.304 亿 m³,相当于原型相应库容 4.347 亿 m³ 的 99.0%,表明模型初始动床地形制作精度较高。

试验结束,980 m 高程以下模型、原型总库容分别为 4.475 亿 m³ 和 4.530 亿 m³,模型库容相当于原型库容的 98.8%；模型、原型干流库容分别为 4.286 亿 m³ 和 4.341 亿 m³，模型库容相当于原型库容的 98.3%；汛限水位 966 m 以下模型、原型库容分别为 1.449 亿 m³ 和 1.520 亿 m³，模型库容相当于原型库容的 95.3%。总体来讲，模型库容分布与原型的较为接近(见表 5-6、图 5-21)。

表 5-6　试验前后库容对比

高程/m	2014 年 4 月/亿 m³		2014 年 9 月/亿 m³		高程/m	2014 年 4 月/亿 m³		2014 年 9 月/亿 m³	
	原型	模型	原型	模型		原型	模型	原型	模型
930	0.004	0.010	0.010	0.009	960	0.582	0.561	0.765	0.697
935	0.010	0.016	0.020	0.018	965	1.184	1.147	1.371	1.301
940	0.020	0.027	0.044	0.039	966	1.333	1.294	1.520	1.449
945	0.040	0.050	0.091	0.073	970	1.994	1.951	2.183	2.111
950	0.066	0.078	0.185	0.141	975	3.032	2.988	3.214	3.154
955	0.206	0.205	0.370	0.309	980	4.347	4.304	4.530	4.475

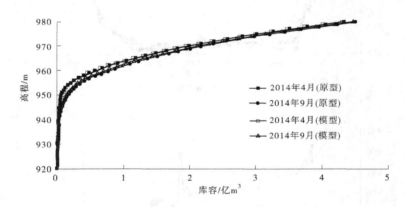

图 5-21　模型与原型库容对比

5.4　小　结

(1)万家寨水库模型模拟范围从蒲滩拐至拐上窄河段开始至万家寨大坝，模拟河段长约 96 km，拐上至坝前河段模拟高程范围为 900~990 m，拐上至蒲滩拐河段模拟高程至 1 000 m。选用水平比尺 300、垂直比尺 60，模型长度约 320 m，高度约 1.5 m。

(2)万家寨水库模型设计遵循水流重力相似、阻力相似、挟沙相似、泥沙悬移相似、河床变形相似、泥沙起动与扬动相似，同时考虑异重流运动相似，即满足异重流发生(或潜入)相似、异重流挟沙相似及异重流连续相似等进行设计。

(3)进口采用清、浑水两套循环系统控制进口流量与沙量；清水采用变频自动控制，浑水采用孔口箱控制；出口以坝前水位为主自动调节各闸门，每个孔洞自动控制，并实时记录检测采集；进出口控制精度满足要求。

（4）以距蒲滩拐水位站 6.7 km 处毛不拉水位站含沙量监测入库含沙量控制精度，观测资料表明，入库含沙量控制与原型接近。

（5）模型各断面水位总体趋近原型，有小幅波动，水位变化趋势与原型一致，量值比较接近。表明模型阻力、河床变形与原型相似。

（6）验证试验断面法计算库区模型冲刷量 0.172 亿 m^3，与原型冲刷量 0.183 亿 m^3 相对误差为 6%。模型干流冲刷 0.170 亿 m^3，与原型干流冲刷 0.180 亿 m^3 相对误差为 6%；主要冲刷段 WD00—WD54（距坝 55.2 km）冲刷 0.165 亿 m^3，与原型冲刷 0.178 亿 m^3 相对误差为 7.3%。表明模型与原型的河床变形相似。沙量平衡法统计模型冲刷 0.197 亿 t，与断面法冲淤量定性一致，定量相差不大。

（7）总体而言，模型控制与量测精度较高；在进出库流量、含沙量、水位、冲淤量、断面形态、库容变化等方面都能够较好地复演原型过程，模型精度满足试验要求，表明模型整体相似性较好。因此，本模型设计取水平比尺 $\lambda_L = 300$，垂直比尺 $\lambda_H = 60$，含沙量比尺 $\lambda_S = 1.45$，能够满足与原型相似的要求，可以进行预报试验。

第6章　万家寨水库运用方式研究

至 2016 年 10 月,万家寨水库总库容 4.345 8 亿 m³,最高蓄水位 980 m 以下淤积 4.616 2 亿 m³,大于设计拦沙库容;校核洪水位 979.1 m 至汛限水位 966 m 之间调洪库容 为 2.748 亿 m³,较设计调洪库容减少 0.272 亿 m³。因此,为了减缓水库淤积,尽可能恢复 调洪库容,亟需优化水库运用方式。

位于黄河上游的龙羊峡水库蓄水后,由于其巨大的调节作用,极大地改变了干流水沙 过程,加之经济发展与人类活动影响作用增加,万家寨水库入库水沙条件发生了较大的变 化。此外,水库投入运行后又增添了一些新的任务,使得水库边界条件与设计阶段相比发 生了改变。在变化的边界条件下,如何减缓水库淤积,尽可能恢复调洪库容,是万家寨水 库运用方式进行优化的重点。

前文分析及很多研究表明,速降水位并维持低水位冲刷不仅可以排走上游来沙,而且 还能冲刷前期淤积物,也是迅速恢复库容,特别是恢复近坝段库容的有效措施。万家寨水 库在正常运用过程中,汛期洪水期适时降低运用水位,尤其是开展敞泄排沙运用,库区将 形成自下而上的溯源冲刷与自上而下的沿程冲刷;随着坝前淤积段的冲刷上溯,库区中下 段河槽大幅度下切的同时发生展宽,滩地出现滑塌,加之库区上段的沿程冲刷,可有效恢 复水库库容,同时也有利于调洪库容恢复。

本章通过物理模型试验,研究给定入库水沙和边界条件下冲刷历时对冲刷效果的影 响;同时,检验水库在不同运用方式下,库区水沙运动规律、库区淤积形态、库容变化、出库 水沙过程等,对不同运用方式水库综合效果进行比选。

6.1　降水冲刷试验

6.1.1　试验条件

6.1.1.1　初始地形

以 2015 年 4 月万家寨水库库区实测地形为初始地形,地形制作以 2015 年 4 月实测 断面资料为基础,并参考当年卫星图控制库区河势变化趋势。

2015 年 4 月,万家寨水库干流纵剖面基本为三角洲淤积形态,坝前淤积面高程约 920 m,三角洲顶点位于 WD11(距坝 11.70 km)断面,顶点高程为 950.74 m(见图 6-1)。最高 运用水位 980 m 以下总库容 4.397 5 亿 m³,调洪库容 2.728 6 亿 m³。

6.1.1.2　水沙条件及排沙水位

试验过程中采用恒定的入库水沙过程,控制入库流量 1 000 m³/s,入库含沙量 4.0 kg/m³。坝前初始库水位为 932.00 m,试验开始后水位下降并控制在 929.00 m 左右。试 验历时 45 d。

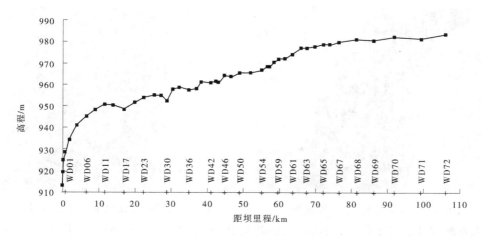

图 6-1　2015 年汛前干流纵剖面(深泓点)

6.1.2　冲刷过程简述

试验过程中,库区干流主槽冲刷为自下而上的溯源冲刷和自上而下的沿程冲刷的叠加。在时空分布上,两者或独立存在,或同时发生。溯源冲刷主要从坝前库段开始,当其下游水位低于淤积面高差时,局部产生跌坎,跌坎以下形成水流湍急的窄深河槽。随河槽的大幅度降低,滩地尚未固结且处于饱和状态的淤积物失稳,在重力及渗透水压力的共同作用下向主槽内滑塌,使得河槽与部分滩地淤积面均有较大幅度的下降,如图 6-2 所示。

溯源冲刷发展至断面 WD06—WD11 之间库段,弯道多,主流紧贴凹岸(见图 6-3),主槽朝窄深发展,局部流速较大,有利的持续动力条件和边界条件,使得溯源冲刷向上游发展较快。

图 6-2　边滩滑向主槽

图 6-3　弯道处主流紧贴凹岸

在相对顺直断面 WD12—WD17 之间河段淤积物有所固结,河槽局部跌水明显,且基本同步向上游蚀退。随着溯源冲刷发展,主槽刷深,水流对滩地进行淘刷,局部库段滩地淤积物坍塌,在沉积历时较久的滩地会随着河槽下切,边壁呈现条块状坍塌,如图 6-4 和图 6-5 所示。

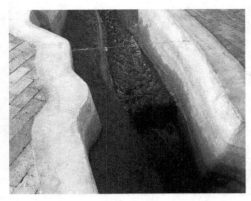 

图 6-4　溯源冲刷靠溜向上游发展　　　　图 6-5　溯源冲刷沿主槽向上游发展

　　随着溯源冲刷向上推进,跌坎高度逐渐变小,WD25 断面以上河段,跌坎不再明显,河槽逐渐由以溯源冲刷为主过渡为以沿程冲刷为主。库区上段表现为沿程冲刷,冲刷横向分布一般仅限于河槽,沿程冲刷所引起的水流含沙量调整幅度相对于溯源冲刷而言小得多。

6.1.3　水库运用及出库水沙过程

　　整个降水冲刷试验过程,距坝 0.5 km 的万码头断面水位基本控制在 928.90~930.50 m(见图 6-6),平均控制水位为 929.60 m。由于坝前水位较低,相应蓄水量非常少,回水范围短,蓄水量的极小变动便可引起库水位发生明显变化。正是由于坝前回水范围小,因此水位的控制误差对整个库区冲刷影响不大。

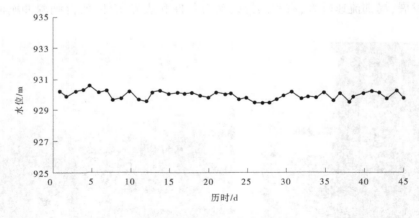

图 6-6　坝前日均水位变化过程

　　图 6-7 和表 6-1 给出了日均出库流量、含沙量以及排沙过程。可以得到,试验初期,随着水位下降,出库含沙量较高,第 1 天平均含沙量达 91.2 kg/m³,这主要是由于坝前淤积物沉积历时短,干容重小,主槽冲刷加之滩地滑塌量较大所致。随着溯源冲刷向上游发展,滩地滑塌量减少,出库含沙量呈逐步减少的趋势,试验至第 5 天迅速降至 42.8 kg/m³,至第 45 天含沙量降至 21.2 kg/m³。

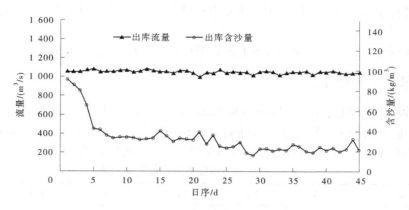

图 6-7　日均出库流量、含沙量变化过程

表 6-1　日均出库流量、含沙量变化过程

日序	出库流量/ (m^3/s)	出库含沙量/(kg/m^3)	出库沙量/ 亿 t	水位/m	日序	出库流量/ (m^3/s)	出库含沙量/(kg/m^3)	出库沙量/ 亿 t	水位/m
1	1 052.1	91.2	0.082 9	929.22	24	1 074.0	24.7	0.022 9	929.63
2	1 053.1	85.3	0.077 6	929.25	25	1 037.2	22.9	0.020 5	929.18
3	1 052.3	80.2	0.072 9	930.08	26	1 055.4	24.5	0.022 3	928.90
4	1 070.9	65.3	0.060 4	929.01	27	1 043.0	28.9	0.026 0	929.86
5	1 082.5	42.8	0.040 0	929.56	28	1 047.3	18.2	0.016 5	929.96
6	1 051.9	41.3	0.037 5	929.24	29	1 013.9	15.5	0.013 6	930.30
7	1 054.6	35.6	0.032 4	929.20	30	1 052.3	22.3	0.020 3	930.50
8	1 052.7	32.8	0.029 8	929.60	31	1 061.6	22.5	0.020 6	929.46
9	1 064.3	34.3	0.031 5	929.77	32	1 051.1	20.2	0.018 3	929.37
10	1 069.7	34.1	0.031 5	929.21	33	1 015.9	22.2	0.019 5	930.13
11	1 048.0	33.4	0.030 2	929.48	34	1 042.6	21.0	0.018 9	930.01
12	1 055.8	31.5	0.028 7	929.60	35	1 051.9	27.1	0.024 6	930.05
13	1 081.3	32.6	0.030 5	929.36	36	1 046.9	24.9	0.022 5	929.39
14	1 063.5	32.8	0.030 1	929.81	37	1 061.6	20.1	0.018 4	929.29
15	1 050.7	40.0	0.036 3	929.61	38	1 019.8	18.5	0.016 3	930.18
16	1 055.0	35.5	0.032 4	929.49	39	1 056.9	24.3	0.022 2	929.23
17	936.5	29.2	0.023 6	929.96	40	1 047.6	21.0	0.019 0	929.78
18	1 065.5	33.1	0.030 5	929.65	41	1 063.9	23.3	0.021 4	929.26
19	1 060.0	31.9	0.029 2	929.52	42	1 045.7	19.4	0.017 5	929.06
20	1 038.0	31.4	0.028 2	929.03	43	1 033.3	22.2	0.019 8	929.70
21	996.1	39.4	0.033 9	929.90	44	1 039.1	32.1	0.028 8	929.07
22	1 044.2	26.7	0.024 1	930.17	45	1 048.8	21.2	0.019 2	929.65
23	1 034.9	36.0	0.032 2	930.01	平均	1 047.6	32.8	0.029 7	929.60

试验过程中,由于库区冲刷,出库流量有所增加,最大流量为 1 082.5 m³/s,日均流量为 1 047.5 m³/s。

降水冲刷过程中出库沙量 1.336 1 亿 t,平均出库含沙量为 32.8 kg/m³。

6.1.4　库区冲淤量变化

随着冲刷历时增加,库区冲刷量不断增加。试验结束,沙量平衡法计算库区累计冲刷量 1.178 6 亿 t,断面法计算库区累计冲刷量 0.890 9 亿 m³(见表 6-2 和图 6-8)。冲刷主要集中在高程 955 m 以下,冲刷量为 0.724 2 亿 m³,占总冲刷量的 81.3%。

表 6-2　试验结束库区不同高程下冲刷量

高程/m	930	935	940	945	950	955
冲刷量/亿 m³	0.135 8	0.262 1	0.388 6	0.515 7	0.617 9	0.724 2
高程/m	960	965	966	970	975	980
冲刷量/亿 m³	0.759 4	0.787 3	0.807 1	0.835 0	0.869 2	0.890 9

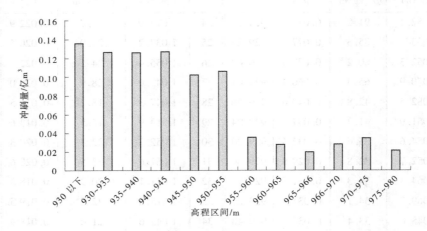

图 6-8　库区不同高程区间冲刷量分布

表 6-3 和图 6-9 给出了试验期间不同时段累计冲刷量变化过程。可以得到,试验初期,库区冲刷剧烈,冲刷效率较高,出库沙量较大;如第 5 天,沙量平衡法冲刷量为 0.316 4 亿 t,占总冲刷量的 26.8%;第 15 天,沙量平衡法冲刷量为 0.600 1 亿 t,占总冲刷量的 50.9%。随着冲刷历时的增加,冲刷效率逐渐降低,第 25 天以后,冲刷效率明显降低;第 25 天,沙量平衡法冲刷量为 0.842 6 亿 t,占总冲刷量的 71.5%。

表 6-3　不同历时库区冲刷量

历时/d	进口沙量/亿 t	出库沙量/亿 t	冲刷量/亿 t
3	0.010 5	0.233 4	0.222 9
5	0.017 5	0.333 9	0.316 4
10	0.035 0	0.496 7	0.461 7

续表 6-3

历时/d	进口沙量/亿 t	出库沙量/亿 t	冲刷量/亿 t
15	0.052 5	0.652 6	0.600 1
25	0.087 5	0.930 1	0.842 6
35	0.122 5	1.130 8	1.008 3
45	0.157 5	1.336 1	1.178 6

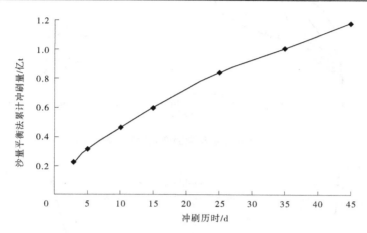

图 6-9　库区冲刷量随冲刷历时变化过程

6.1.5　淤积形态变化

6.1.5.1　纵向淤积形态

图 6-10 为万家寨水库降水冲刷试验期间干流深泓点纵剖面变化过程。从图 6-10 可以得到主河槽溯源冲刷自坝前向上游发展过程,如第 15 天结束,跌坎位于在 WD11—WD14 断面(距坝 11.7~13.99 km)之间。试验结束,溯源冲刷发展至 WD26 断面(距坝 25.31 km),坝前淤积面高程约 913 m。

6.1.5.2　横断面变化

横断面变化主要是发生主槽垂向侵蚀和滩地横向滑坡或坍塌,只是库区沿程横断面调整的部位及幅度不尽相同。总体可归纳为三种表现形式:其一,滩槽高程均下降,主要发生在坝前段。这是由于淤积物泥沙颗粒细,沉积历时短,主槽刷深,滩地滑塌。其二,主槽下切临水部分滩地呈块状坍塌,主要发生在库区中下段。这是由于主槽冲刷下切之后,滩槽高差大,水流淘刷滩地,而滩地淤积物沉积历时略长,固结度较高。其三,河槽沿程冲刷为主,主要发生在库区中上段。总体看,降水冲刷之后,库区滩槽高差增大,纵比降增大,更加有利于泄洪排沙。

万家寨水库降水冲刷试验期间典型横断面套绘如图 6-11~图 6-15 所示。可以得到,库区下段以溯源冲刷为主,在溯源冲刷向上游发展的过程中,河槽不断刷深;随着滩槽高差剧增,滩岸发生失稳滑塌或条块状坍塌,不断展宽,如 WD01、WD02 和 WD08。在溯源冲刷未发展到的库区中段,冲淤变化较小,如 WD30;库区上段以沿程冲刷为主,如 WD54。

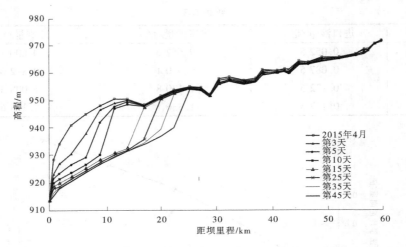

图 6-10　库区干流纵剖面变化过程(深泓点)

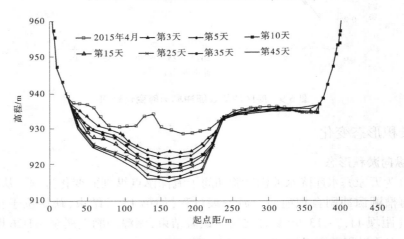

图 6-11　典型横断面套绘(WD01)

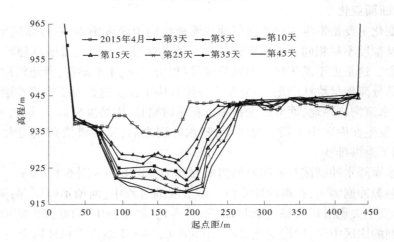

图 6-12　典型横断面套绘(WD02)

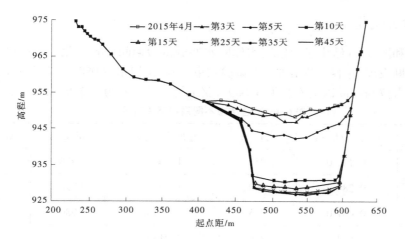

图 6-13　典型横断面套绘 (WD08)

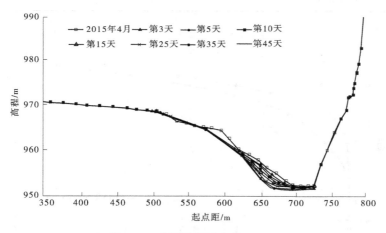

图 6-14　典型横断面套绘 (WD30)

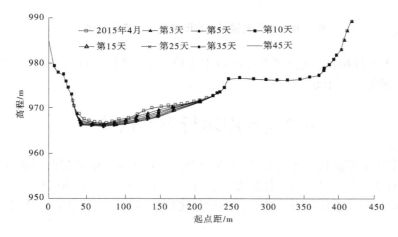

图 6-15　典型横断面套绘 (WD54)

6.1.6　库容变化

表 6-4 和图 6-16 给出了万家寨水库降水冲刷试验期间库容变化。可以得到,随着水库冲刷的不断发展,库容不断增加。至试验结束,最高运用水位 980 m 以下库容为 5.288 4 亿 m³,汛限水位 966 m 以上库容为 3.069 8 亿 m³,调洪库容为 2.829 3 亿 m³。

表 6-4　试验结束不同高程下库容分布

高程/m	总库容/亿 m³	高程/m	总库容/亿 m³	高程/m	总库容/亿 m³
930	0.146 0	955	1.100 0	975	3.952 5
935	0.284 0	960	1.500 0	979.1	5.047 9
940	0.437 0	965	2.064 0	980	5.288 4
945	0.614 0	966	2.218 6		
950	0.813 0	970	2.889 9		

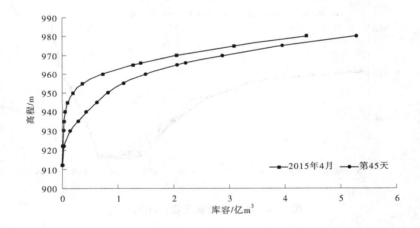

图 6-16　不同高程下库容随冲刷历时变化过程

与 2015 年 4 月相比,试验结束最高运用水位 980 m 以下总库容增加了 0.890 9 亿 m³,调洪库容增加了 0.100 7 亿 m³。

6.2　水库运行方案试验

针对万家寨水库优化调度方案,中水北方勘测设计研究有限责任公司通过大量研究,在初设方案的基础上提出了多种优化方案。万家寨水库模型开展的运行方案试验,主要对水库正常运行期三种运用方式,即初设方案、优化方案一和优化方案二开展系列年试验研究。

6.2.1 试验方案与条件

6.2.1.1 水库调度方案

1. 初设方案

8 月、9 月为排沙期,水库保持低水位运行。入库流量小于 800 m³/s 时,库水位控制在 952~957 m;入库流量大于 800 m³/s 时,库水位保持 952 m 运行;当水库淤积严重、难以保持日调节库容时,在流量大于 1 000 m³/s 情况下,库水位短期降至 948 m 冲沙(5~7 d)。

7 月 16~31 日和 10 月 1~15 日(7 月下半月和 10 月上半月),库水位不超过 966 m。10 月底库水位达到 970 m。

11 月至翌年 2 月底,最低库水位 970 m,最高不超过 977 m;3 月初至 4 月初的流凌期,应降低水位至 970 m 运行,春季流凌结束后即可蓄到 977 m,4 月底前蓄至 980 m。11 月 1~5 日水库蓄水,从 970 m 蓄到 975 m。11 月 6~25 日为流凌封河期,库水位保持 975 m。11 月 26 日到翌年 2 月 25 日,水库处于稳封期,库水位保持在 977 m。2 月 26 日到 3 月 5 日,水库进入准备开河期,库水位从 977 m 逐步降至 970 m。3 月 6 日到开河凌峰过后、入库流量小于 1 000 m³/s 为开河期,库水位保持 970 m。开河过后水库快速蓄至 980 m,直到 4 月 30 日。

5 月 1 日至 6 月 30 日,库水位保持在 977 m 以上。7 月水库水位迅速消落,从 977 m 降低到 7 月 15 日的汛限水位 966 m。7 月 31 日降低至排沙水位 952~957 m。

2. 优化方案一和优化方案二

万家寨水库在进行降水冲刷运用时,要想取得较好的排沙效果,不仅需要一定的水流动力条件,还需要一定的较低水位冲刷历时。根据第 4 章万家寨水库降水冲刷排沙规律以及降水冲刷试验,排沙期洪水期开展 5~15 d 降水冲刷运用,能够起到延缓水库淤积、恢复库容的作用。优化方案水库调度以控制万家寨水库淤积或恢复库容为主要目的,在运用过程中,遇有利洪水水库敞泄排沙运用 5~15 d。两优化方案具体调度措施如下:

优化方案一在排沙期流量大于或等于 1 000 m³/s 持续 5 d 及以上时,敞泄排沙 5~15 d,之后保持库水位 952 m 运行。其他时段水库运用同初设方案。

优化方案二在优化方案一的基础上,尽可能增加发电等效益。优化方案二在流量小于 800 m³/s,敞泄排沙效果不显著的时段,坝前水位控制在 966 m 运用。其他时段运用同优化方案一。

6.2.1.2 试验条件

1. 入库水沙条件

为方便对比,3 组水库运行方案试验采用的入库水沙条件相同,即万家寨水库干流入库站头道拐水文站 1989~1998 年 10 年水沙过程。该系列年均入库水量 1 689.56 亿 m³、沙量 4.843 9 亿 t、含沙量 2.87 kg/m³;汛期(7~10 月)平均入库水量 667.15 亿 m³、沙量 3.057 2 亿 t、含沙量 4.58 kg/m³;最大年水量与年沙量均出现在第 1 年,分别为 266.20 亿 m³、1.134 7 亿 t;最小年水量出现在第 10 年,为 100.35 亿 m³,最小年沙量出现在第 10 年,为 0.209 9 亿 t,如表 6-5 所示。

表 6-5　10 年系列历年入库水沙量统计

年序	水量/亿 m³			沙量/亿 t			含沙量/(kg/m³)		
	非汛期	汛期	年	非汛期	汛期	年	非汛期	汛期	年
1	112.73	153.47	266.20	0.210 4	0.924 3	1.134 7	1.87	6.02	4.26
2	148.11	70.63	218.74	0.383 7	0.249 1	0.632 8	2.59	3.53	2.89
3	119.67	33.30	152.97	0.191 7	0.053 5	0.245 2	1.60	1.61	1.60
4	85.59	50.68	136.27	0.093 8	0.163 4	0.257 2	1.10	3.22	1.89
5	105.77	81.91	187.68	0.174 8	0.275 9	0.450 7	1.65	3.37	2.40
6	109.04	81.32	190.36	0.171 8	0.430 1	0.601 9	1.58	5.29	3.16
7	106.86	72.83	179.69	0.163 9	0.424 5	0.588 4	1.53	5.83	3.27
8	92.69	56.68	149.37	0.151 9	0.318 6	0.470 5	1.64	5.62	3.15
9	70.09	37.84	107.93	0.120 5	0.132 1	0.252 6	1.72	3.49	2.34
10	71.86	28.49	100.35	0.124 2	0.085 7	0.209 9	1.73	3.01	2.09
合计	1 022.41	667.15	1 689.56	1.786 7	3.057 2	4.843 9	1.75	4.58	2.87

设计水沙系列汛期不同入库流量级出现频率统计见表 6-6。可以看出,不大于 800 m³/s 流量级出现 854 d,年均 85.4 d;800~1 000 m³/s 流量级出现 110 d,年均 11 d;不小于 1 000 m³/s 流量级出现 235 d,年均 23.5 d。

表 6-6　10 年系列汛期不同入库流量级出现频率统计

项目		流量级(m³/s)		
		$Q \leqslant 800$	$800 < Q < 1\ 000$	$Q \geqslant 1\ 000$
出现天数/d		854	110	235
各流量级不同持续天数出现次数/次	1	6	25	5
	2	2	13	3
	3	2	8	0
	4	4	4	3
	5	2	3	3
	6	1	1	1
	7	2	0	2
	8	0	0	1
	9	1	0	1
	10	0	0	0
	>10	15	0	5

注:水沙系列为 1989 年 10 月 1 日至 1998 年 9 月 30 日,汛期为每年 7 月 1 日至 10 月 31 日。

大部分时段入库流量较小且持续时间长,较大流量过程出现时间较少且持续历时短。入库流量级为 800~1 000 m³/s 且持续时间大于或等于 5 d 的出现 4 次,最长持续 6 d;入库流量不小于 1 000 m³/s 且持续时间大于或等于 5 d 的出现 13 次,最长持续 58 d,出现在第 1 年。较大流量过程持续时间短,对水库恢复库容的作用相对较弱。

2. 初始地形

初设方案、优化方案一和优化方案二试验采用相同的初始地形。

以万家寨水库 2016 年 10 月地形为初始地形,地形制作以 2016 年 10 月实测断面资料为基础,并参考当年卫星图控制库区河势变化趋势。

2016 年 10 月,万家寨水库干流纵剖面为三角洲淤积形态,坝前淤积面高程 928 m 左右,三角洲顶点位于 WD08(距坝 9.14 km)断面,顶点高程为 952.22 m(见图 6-17)。河底平均高程(万家寨公司提供)与深泓点变化趋势一致。最高运用水位 980 m 以下总库容为 4.345 8 亿 m³,调洪库容为 2.747 9 亿 m³。

3. 出口控制

模型下边界控制条件(出库流量与坝前水位)由中水北方勘测设计研究有限责任公司通过数学模型调节计算获得。以数学模型计算的逐日坝前水位作为模型出口控制条件,以计算的出库流量与各孔洞的分流原则,控制模型各孔洞的分流比。

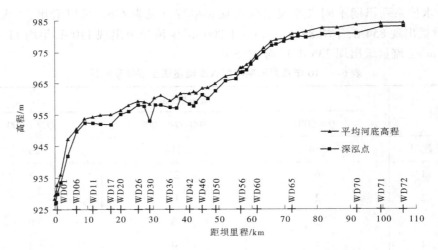

图 6-17　2016 年汛后深泓点及平均河底高程纵剖面

泄流建筑物各孔洞分流比的调度原则为：

（1）水位大于或等于 952 m 时：出库流量小于 1 500 m³/s，5 个发电洞分配；出库流量大于 1 500 m³/s，5 个发电洞下泄流量 1 500 m³/s，其余流量由 8 个底孔下泄。

（2）水位小于 952 m 时，出库流量 8 个底孔平均分配。

以上发电洞分配原则：一个发电洞下泄流量 300 m³/s，顺序是 3 号、4 号、2 号、5 号、1 号；底孔分配原则：出库流量小于或等于 2 000 m³/s 时，开 1~4 号，出库流量大于 2 000 m³/s 时，再开 5~8 号。

6.2.2　不同运用方案调度效果对比

万家寨水库模型针对正常运行期三种运用方式，即初设方案、优化方案一和优化方案二，开展了相同初始条件及水沙系列的试验。对其试验结果进行对比分析，可为优选水库调度方式提供技术支撑。

6.2.2.1　水库调度

三种水库运用方案在非汛期和汛期的 7 月、10 月调度过程相同，差别主要体现在排沙期流量。与初设方案相比，优化方案一以减少万家寨水库进一步淤积为主，优化方案二在减少水库淤积的基础上，尽可能增加发电等效益。根据入库流量级不同，三种运用方案具体差别表现如下（见表 6-7）：

（1）入库流量小于 800 m³/s。初设方案库水位控制在 952~957 m 运用，优化方案一与初设方案运用相同；而优化方案二库水位控制在 966 m 运用。

（2）入库流量大于或等于 800 m³/s 且小于 1 000 m³/s。初设方案库水位保持 952 m 运行，优化方案一和优化方案二与初设方案运用相同。

（3）入库流量大于或等于 1 000 m³/s。初设方案库水位短期降至 948 m 冲沙（5~7 d），之后保持库水位 952 m 运行；优化方案一在入库流量大于或等于 1 000 m³/s 持续 5 d 及以上时，敞泄排沙运用 5~15 d，之后保持库水位 952 m 运行，优化方案二与优化方案一运用相同。

表 6-7　排沙期不同方案运用水位特征

入库流量 $Q/(\mathrm{m^3/s})$	初设方案	优化方案一	优化方案二
$Q<800$	$952\ \mathrm{m}<H\leqslant957\ \mathrm{m}$	$952\ \mathrm{m}<H\leqslant957\ \mathrm{m}$	$H=966\ \mathrm{m}$
$800\leqslant Q<1\,000$	$H=952\ \mathrm{m}$	$H=952\ \mathrm{m}$	$H=952\ \mathrm{m}$
$Q\geqslant1\,000$	库水位短期降至 948 m 冲沙 5~7 d,之后 $H=952\ \mathrm{m}$ 运行	$Q\geqslant1\,000\ \mathrm{m^3/s}$ 持续 5 d 及以上时,敞泄排沙运用 5~15 d	$Q\geqslant1\,000\ \mathrm{m^3/s}$ 持续 5 d 及以上时,敞泄排沙运用 5~15 d

不同方案运用水位变化过程对比见图 6-18。

表 6-8 及图 6-19~图 6-23 给出了 8 月、9 月不同方案特征水位及不同水位对应天数统计。可以得到,初设方案最低运用水位 952 m;除第 3 年和第 10 年外,优化方案一、优化方案二在其他年份均进行了敞泄排沙运用,排沙水位接近,均在 930 m 以下,最低降至921.6 m(见图 6-19)。由于优化方案二在排沙期入库流量 800 m³/s 以下时运用水位控制在 966 m,因此排沙期平均水位相对较高(见图 6-20)。

从图 6-21~图 6-23 可以得到,初设方案最低运用水位 952 m;除第 4 年和第 9 年外,优化方案一和优化方案二 952 m 以下排沙运用天数基本接近。初设方案排沙期运用水位主要集中在 952~957 m;优化方案一由于进行了敞泄排沙运用,952~957 m 运用天数较初设方案减少;优化方案二不仅进行敞泄排沙运用,还提高入库流量 800 m³/s 以下运用水位至 966 m,因此 952~957 m 运用天数最少。

6.2.2.2　库区冲淤量

由于各方案水库调度方式不同,库区冲淤量与冲淤过程不尽相同。图 6-24~图 6-26 和表 6-9、表 6-10 给出了不同方案库区冲淤量变化过程及其差别。可以得到,10 年系列试验,初设方案库区整体呈现累积性淤积趋势,而优化方案整体呈现为冲刷(见图 6-24)。

试验结束,沙量平衡法计算,初设方案库区淤积 0.384 1 亿 t,优化方案一和优化方案二库区分别冲刷 1.724 8 亿 t、1.611 9 亿 t(见表 6-9);优化方案一、优化方案二分别较初设方案少淤积 2.108 9 亿 t、1.996 0 亿 t,优化方案一较优化方案二少淤积 0.112 9 亿 t(见表 6-10)。断面法计算初设方案库区淤积 0.350 9 亿 m³,而优化方案一和优化方案二库区分别冲刷 1.491 9 亿 m³、1.345 6 亿 m³;优化方案一、优化方案二分别较初设方案少淤积 1.842 8 亿 m³、1.696 5 亿 m³,优化方案一较优化方案二多冲刷 0.146 3 亿 m³。

从不同方案历年汛后冲淤量变化过程(见图 6-25)可以得到,第 3 年和第 10 年不同方案水库运用基本相同,入库水沙较小,排沙期运用水位较高,各方案年度内库区均发生淤积;由于优化方案在前期进行过敞泄排沙运用,库容相对较大,因此在两年淤积量也较初设方案偏大。在其他年份,优化方案由于均进行了敞泄排沙,库区冲刷量相对较大,而初设方案最低运用水位 952 m,库区一般发生淤积或少量冲刷。

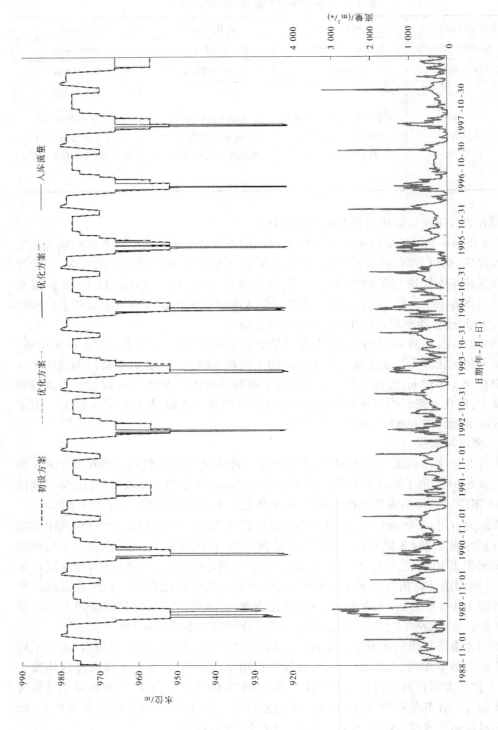

图6-18　不同方案运用水位变化过程对比

表 6-8　不同方案排沙期特征水位及相关天数对比

年序	特征水位/m						不同水位对应天数/d								
	最低水位			平均水位			H<952 m			952 m≤H≤957 m			957 m<H≤966 m		
	初设方案	优化方案一	优化方案二	初设方案	优化方案一	优化方案二	初设方案	优化方案一	优化方案二	初设方案	优化方案一	优化方案二	初设方案	优化方案一	优化方案二
1	952.0	927.4	923.5	952.1	946.8	946.2	0	16	15	61	45	46	0	0	0
2	952.0	922.8	921.7	954.0	948.7	952.4	0	12	12	61	49	24	0	0	25
3	957.0	957.0	966.0	957.0	957.0	966.0	0	0	0	61	61	0	0	0	61
4	952.0	922.9	922.0	955.2	952.9	958.7	0	6	9	61	55	6	0	0	46
5	952.0	923.1	921.6	952.6	946.3	949.1	0	16	15	61	45	29	0	0	17
6	952.0	922.0	922.4	952.8	945.3	947.7	0	17	15	61	44	36	0	0	10
7	952.0	921.7	921.7	953.3	949.5	952.2	0	7	7	61	54	36	0	0	18
8	952.0	922.0	921.7	954.0	951.5	955.5	0	6	5	61	55	32	0	0	24
9	952.0	921.6	921.6	955.9	952.7	957.8	0	7	11	61	54	3	0	0	47
10	957.0	957.0	966.0	957.0	957.0	966.0	0	0	0	61	61	0	0	0	61

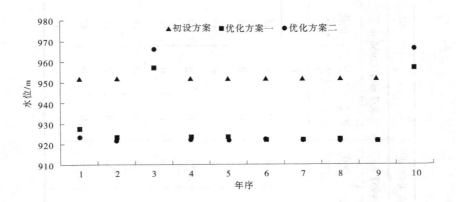

图 6-19　不同方案排沙期最低运用水位对比

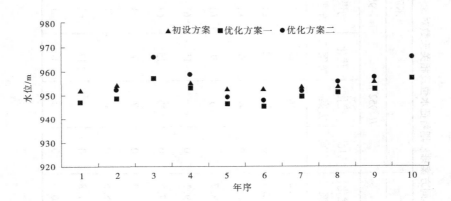

图 6-20　不同方案排沙期平均运用水位对比

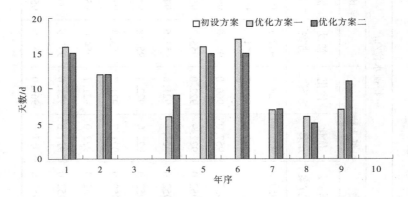

图 6-21　不同方案库水位 952 m 以下运用天数对比

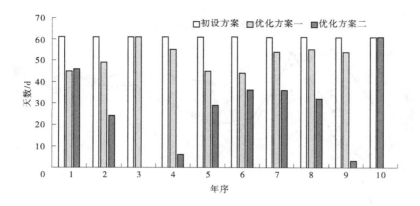

图 6-22　不同方案库水位 952 m≤H≤957 m 运用天数对比

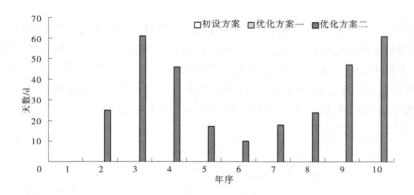

图 6-23　不同方案库水位 957 m<H≤966 m 运用天数对比

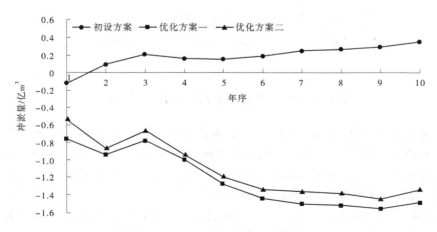

图 6-24　不同方案累计冲淤量对比

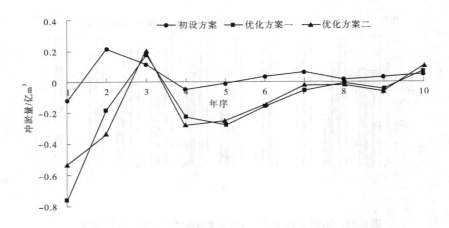

图 6-25　不同方案历年汛后冲淤量对比

　　由于各方案入库水沙条件相同,非汛期运用条件也基本相同,差别主要在排沙期,因此各方案非汛期淤积也比较接近,只是受前期边界条件影响,优化方案较初设方案淤积量略有偏大(见图 6-26)。而汛期由于优化方案降水冲刷次数较多,冲刷量也较大,尤其在排沙历时也较长的年份,如第 1 年、第 2 年、第 5 年、第 6 年,冲刷量明显大于初设方案。在未进行敞泄排沙运用的第 3 年、第 10 年,汛期出现少量淤积。

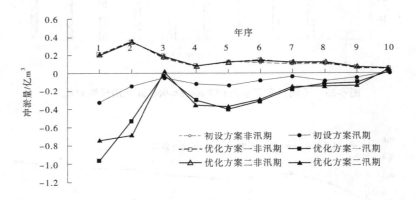

图 6-26　不同方案历年非汛期、汛期冲淤量对比

　　比较优化方案可以发现,第 1 年降水冲刷期间,优化方案一入库水沙较大(见表 6-11),水动力条件较强,再加上前期淤积量相对较大,库区冲刷也较为剧烈,冲刷量明显大于优化方案二。第 2 年降水冲刷时,两优化方案入库水沙条件及水库运用水位接近,由于优化方案二第 1 年降水冲刷后入库沙量较大,淤积量也较大,因此优化方案二库区冲刷较优化方案一大。第 4 年和第 9 年,由于优化方案二冲刷时间相对较长,库区冲刷量也相对较大。其他年份,两运用方案降水冲刷时的入库水沙条件及运用水位接近,而优化方案二在入库流量 800 m³/s 以下时运用水位较高,因此库区淤积量一般较大。

表6-9 不同运用方案历年汛后冲淤量统计

年序	初设方案				优化方案一				优化方案二			
	沙量平衡法/亿t		断面法/亿m³		沙量平衡法/亿t		断面法/亿m³		沙量平衡法/亿t		断面法/亿m³	
	历年	累计	历年	累计	历年	累计	历年	累计	历年	累计	历年	累计
	(1)	(2)	(3)	(4)	(5)	(6)	(7)	(8)	(9)	(10)	(11)	(12)
1	-0.114 2	-0.114 2	-0.121 5	-0.121 5	-0.844 7	-0.844 7	-0.758 0	-0.758 0	-0.610 5	-0.610 5	-0.531 2	-0.531 2
2	0.205 7	0.091 5	0.216 3	0.094 8	-0.217 9	-1.062 6	-0.184 4	-0.942 4	-0.377 1	-0.987 6	-0.335 0	-0.866 2
3	0.159 0	0.250 5	0.114 3	0.209 1	0.156 1	-0.906 5	0.165 2	-0.777 2	0.188 7	-0.798 9	0.201 4	-0.664 8
4	-0.021 5	0.229 0	-0.045 6	0.163 5	-0.238 1	-1.144 6	-0.225 0	-1.002 2	-0.323 7	-1.122 6	-0.278 3	-0.943 1
5	-0.071 5	0.157 5	-0.007 6	0.155 9	-0.333 6	-1.478 2	-0.279 8	-1.282 0	-0.303 7	-1.426 3	-0.250 6	-1.193 7
6	0.027 0	0.184 5	0.034 5	0.190 4	-0.249 3	-1.727 5	-0.162 0	-1.444 0	-0.225 7	-1.652 0	-0.147 7	-1.341 4
7	0.014 7	0.199 2	0.063 4	0.253 8	-0.026 0	-1.753 5	-0.060 1	-1.504 1	-0.003 1	-1.655 1	-0.023 7	-1.365 1
8	0.026 2	0.225 4	0.015 2	0.269 0	-0.033 8	-1.787 3	-0.013 1	-1.517 2	-0.033 3	-1.688 4	-0.018 6	-1.383 7
9	0.051 3	0.276 7	0.030 5	0.299 5	-0.031 8	-1.819 1	-0.046 2	-1.563 4	-0.068 5	-1.756 9	-0.065 9	-1.449 6
10	0.107 4	0.384 1	0.051 4	0.350 9	0.094 3	-1.724 8	0.071 5	-1.491 9	0.145 0	-1.611 9	0.104 0	-1.345 6
合计	0.384 1	—	0.350 9	—	-1.724 8	—	-1.491 9	—	-1.611 9	—	-1.345 6	—

表6-10　不同运用方案历年汛后冲淤量对比

年序	差值(初设方案－优化方案一) 沙量平衡法/亿t 历年 (1)-(5)	差值(初设方案－优化方案一) 沙量平衡法/亿t 累计 (2)-(6)	差值(初设方案－优化方案一) 断面法/亿m³ 历年 (3)-(7)	差值(初设方案－优化方案一) 断面法/亿m³ 累计 (4)-(8)	差值(初设方案－优化方案二) 沙量平衡法/亿t 历年 (1)-(9)	差值(初设方案－优化方案二) 沙量平衡法/亿t 累计 (2)-(10)	差值(初设方案－优化方案二) 断面法/亿m³ 历年 (3)-(11)	差值(初设方案－优化方案二) 断面法/亿m³ 累计 (4)-(12)	差值(优化方案一－优化方案二) 沙量平衡法/亿t 历年 (5)-(9)	差值(优化方案一－优化方案二) 沙量平衡法/亿t 累计 (6)-(10)	差值(优化方案一－优化方案二) 断面法/亿m³ 历年 (7)-(11)	差值(优化方案一－优化方案二) 断面法/亿m³ 累计 (8)-(12)
1	0.730 5	0.730 5	0.636 5	0.636 5	0.496 3	0.496 3	0.409 7	0.409 7	-0.234 2	-0.234 2	-0.226 8	-0.226 8
2	0.423 6	1.154 1	0.400 7	1.037 2	0.582 8	1.079 1	0.551 3	0.961 0	0.159 2	-0.075 0	0.150 6	-0.076 2
3	0.002 9	1.157 0	-0.050 9	0.986 3	-0.029 7	1.049 4	-0.087 1	0.873 9	-0.032 6	-0.107 6	-0.036 2	-0.112 4
4	0.216 6	1.373 6	0.179 4	1.165 7	0.302 2	1.351 6	0.232 7	1.106 6	0.085 6	-0.022 0	0.053 3	-0.059 1
5	0.262 1	1.635 7	0.272 2	1.437 9	0.232 2	1.583 8	0.243 0	1.349 6	-0.029 9	-0.051 9	-0.029 2	-0.088 3
6	0.276 3	1.912 0	0.196 5	1.634 4	0.252 7	1.836 5	0.182 2	1.531 8	-0.023 6	-0.075 5	-0.014 3	-0.102 6
7	0.040 7	1.952 7	0.123 5	1.757 9	0.017 8	1.854 3	0.087 1	1.618 9	-0.022 9	-0.098 4	-0.036 4	-0.139 0
8	0.060 0	2.012 7	0.028 3	1.786 2	0.059 5	1.913 8	0.033 6	1.652 7	-0.000 5	-0.098 9	0.005 5	-0.133 5
9	0.083 1	2.095 8	0.076 7	1.862 9	0.119 8	2.033 6	0.096 4	1.749 1	0.036 7	-0.062 2	0.019 7	-0.113 8
10	0.013 1	2.108 9	-0.020 1	1.842 8	-0.037 6	1.996 0	-0.052 6	1.696 5	-0.050 7	-0.112 9	-0.032 5	-0.146 3
合计	2.108 9	—	1.842 8	—	1.996 0	—	1.696 5	—	-0.112 9	—	-0.146 3	—

注:表中序号(x)与表6-9对应。

表6-11　优化方案排沙期低水位运用参数统计

年序	敞泄排沙时段及期间入库水沙量								排沙期水沙特征值							
	优化方案一				优化方案二				沙量/亿t		水量/亿m³		月均流量/(m³/s)		最大流量及出现日期	
	起止日期(月-日)	天数/d	水量/亿m³	沙量/亿t	起止日期(月-日)	天数/d	水量/亿m³	沙量/亿t	8月	9月	8月	9月	8月	9月	值/(m³/s)	日期(月-日)
1	09-12~09-27	16	36.28	0.234	08-09~08-23	15	26.62	0.184	0.320	0.419	49.93	64.77	1 864.2	2 498.7	3 020	09-24
2	08-12~08-23	12	13.52	0.080	08-12~08-23	12	13.52	0.080	0.117	0.066	24.78	19.99	925.1	771.4	1 690	08-21
3	—	—	—	—	—	—	—	—	0.017	0.008	11.20	8.249	418.1	318.2	659	08-22
4	08-16~08-21	6	7.40	0.037	08-14~08-22	9	10.40	0.051	0.117	0.022	24.51	11.59	915.0	447.3	1 590	08-20
5	08-01~08-16	16	18.03	0.078	08-02~08-16	15	16.88	0.073	0.149	0.059	35.48	20.92	1 324.8	807.2	1 540	08-04
6	08-10~08-26	17	22.52	0.143	08-08~08-22	15	20.28	0.135	0.238	0.080	35.01	22.49	1 307.2	867.7	1 930	08-13
7	08-17~08-23	7	7.24	0.052	08-17~08-23	7	7.24	0.052	0.171	0.169	25.25	23.62	942.7	911.1	1 410	09-11
8	08-13~08-18	6	6.14	0.064	08-14~08-18	5	5.30	0.055	0.218	0.053	25.36	16.07	946.8	620.0	1 420	08-17
9	08-13~08-19	7	6.25	0.038	08-14~08-24	11	10.50	0.058	0.104	0.019	20.13	10.61	751.5	409.5	1 320	08-23
10	—	—	—	—	—	—	—	—	0.029	0.012	12.16	7.724	454.2	298.0	733	08-29

表 6-12、图 6-27 和图 6-28 给出了各方案汛限水位 966 m 以上库区淤积情况及对比。可以得到,10 年系列试验,初设方案汛限水位 966 m 以上整体呈现淤积,而优化方案呈现为冲刷。试验结束,汛限水位 966 m 以上初设方案库区淤积 0.070 5 亿 m³,优化方案一、优化方案二分别冲刷 0.088 7 亿 m³、0.046 亿 m³(见表 6-12)。优化方案一、优化方案二分别较初设方案少淤积 0.159 3 亿 m³、0.116 8 亿 m³;优化方案一较优化方案二少淤积 0.042 5 亿 m³。

表 6-12　不同方案历年库区汛限水位 966 m 以上冲淤量对比　　　　　　单位:亿 m³

年序	初设方案			优化方案一			优化方案二		
	非汛期	汛期	年	非汛期	汛期	年	非汛期	汛期	年
1	0.045 1	-0.054 8	-0.009 7	0.051 5	-0.104 7	-0.053 2	0.049 8	-0.091 5	-0.041 7
2	0.043 7	-0.039 9	0.003 8	0.054 5	-0.059 1	-0.004 6	0.053 7	-0.071 7	-0.018 0
3	0.027 8	-0.021 9	0.005 9	0.022 3	-0.017 8	0.004 5	0.023 4	-0.007 6	0.015 8
4	0.007 5	-0.000 3	0.007 2	0.009 9	-0.014 6	-0.004 7	0.009 5	-0.026 1	-0.016 6
5	0.012 9	-0.004 4	0.008 5	0.017 0	-0.032 2	-0.015 2	0.015 2	-0.027 5	-0.012 3
6	0.013 1	-0.017 5	-0.004 4	0.021 3	-0.032 1	-0.010 8	0.021 6	-0.030 3	-0.008 7
7	0.043 8	-0.007 0	0.036 8	0.041 8	-0.048 5	-0.006 7	0.041 1	-0.032 6	0.008 5
8	0.028 7	-0.003 8	0.024 9	0.023 0	-0.025 5	-0.002 5	0.020 3	-0.026 2	-0.005 9
9	0.006 1	-0.010 5	-0.004 4	0.013 0	-0.014 7	-0.001 7	0.010 4	-0.008 2	0.002 2
10	0.020 5	-0.018 6	0.001 9	0.022 2	-0.016 1	0.006 1	0.020 0	0.010 5	0.030 5
合计	0.249 2	-0.178 7	0.070 5	0.276 5	-0.365 3	-0.088 7	0.265 0	-0.311 2	-0.046

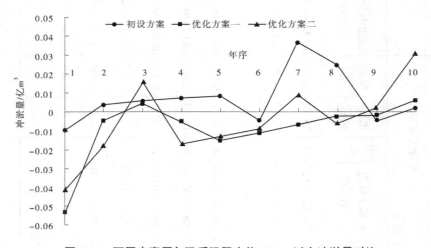

图 6-27　不同方案历年汛后汛限水位 966 m 以上冲淤量对比

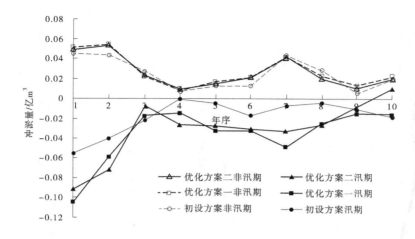

图 6-28　不同方案历年非汛期、汛期汛限水位 966 m 以上冲淤量对比

　　受水库调度及入库水沙条件影响,各年冲淤表现不同。如第 1 年、第 6 年入库水沙较大,运用水位相对较低,库区 966 m 以上三方案均表现为冲刷;第 3 年和第 10 年入库水沙较小,运用水位相对较高,三方案库区均表现为淤积;第 2 年和第 5 年,初设方案库区 966 m 以上为淤积,而优化方案由于开展敞泄排沙,表现为冲刷(见图 6-27)。

　　汛限水位 966 m 以上淤积主要发生在非汛期,而汛期以冲刷为主。由于非汛期水库运用水位及入库水沙条件接近,各方案非汛期淤积量也接近;而汛期各方案调度差别较大,汛期冲刷量相差也较大(见图 6-28)。试验结束,非汛期汛限水位 966 m 以上初设方案淤积 0.249 2 亿 m³,优化方案一、优化方案二分别淤积 0.276 5 亿 m³、0.265 0 亿 m³;汛期汛限水位 966 m 以上初设方案冲刷 0.178 7 亿 m³,优化方案一、优化方案二分别冲刷 0.365 3 亿 m³、0.311 2 亿 m³。

　　受水库运用和入库水沙条件影响,汛期冲刷各年差别也较大。如第 1 年汛期入库水沙量较大,入库水沙量分别为 153.47 亿 m³、0.924 3 亿 t,初设方案冲刷 0.054 8 亿 m³,而优化方案由于进行敞泄排沙,冲刷量也较大,优化方案一、优化方案二分别冲刷 0.104 7 亿 m³、0.091 5 亿 m³。第 2 年汛期入库水沙量较第 1 年小,入库水沙量分别为 70.63 亿 m³、0.249 1 亿 t,初设方案冲刷 0.039 9 亿 m³,优化方案一、优化方案二分别冲刷 0.059 1 亿 m³、0.071 7 亿 m³,尽管优化方案第 2 年敞泄排沙天数(12 d)略少于第 1 年(15 d),但冲刷量明显小于第 1 年。

6.2.2.3　淤积形态变化

1. 纵向淤积形态

　　图 6-29 和图 6-30 给出了不同方案干流纵剖面对比。可以得到,随着水库运用,10 年系列结束,各运用方案干流淤积形态均由三角洲淤积形态转化为锥体淤积形态,仅在坝前存在冲刷漏斗,WD56 断面(距坝 56.63 km)以上库段冲淤变化不大。

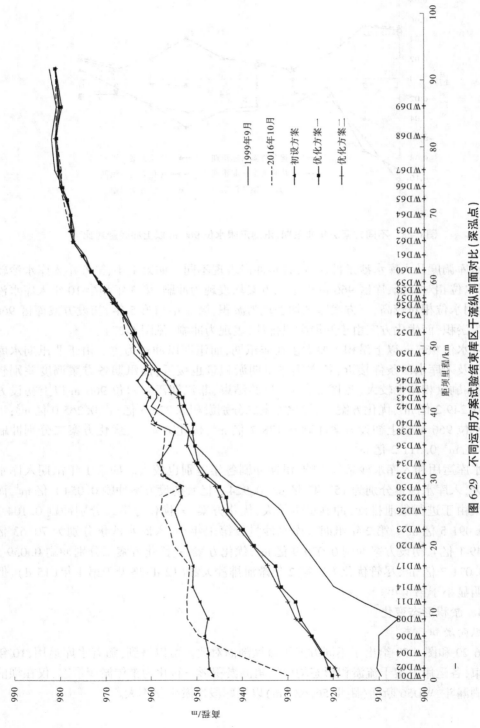

图 6-29　不同运用方案试验结束库区干流纵剖面对比（深泓点）

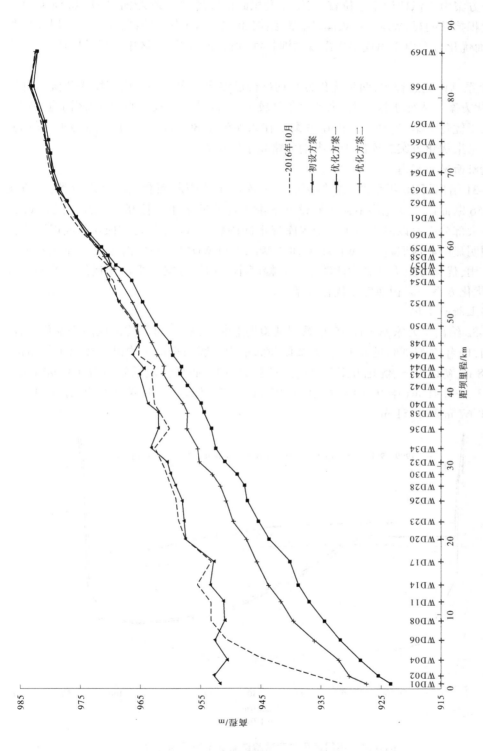

图 6-30　不同运用方案试验结束库区干流纵剖面对比（平均河底高程）

　　初设方案由于汛期运用水位较高,干流淤积面也较高,WD06 断面(距坝 6.58 km)以下库段淤积抬升明显,WD06—WD40 断面(距坝 38.34 km)发生冲刷,库区中下段比降整体较缓;而优化方案由于汛期多次出现敞泄排沙,淤积面较低,库区中下段冲刷明显,比降较大。

　　10 年系列试验过程中,两种优化方案均进行过多次降水冲刷。由于第 1 年降水冲刷期间,优化方案一入库水沙较大,水动力条件较强,库区冲刷也较为剧烈,库区河道冲刷幅度明显大于优化方案二。此外,优化方案二在入库流量 800 m³/s 以下时运用水位较高,因此试验结束优化方案二库区干流纵剖面略高于优化方案一。

　　2. 横断面淤积形态

　　图 6-31 给出了 10 年系列试验结束各方案库区干流横断面套绘。可以得到,各方案库区 WD56 断面以上变化均不大。初设方案由于排沙期运用水位相对较高,库区 WD56 断面以下大部分库段以淤积为主。受水库降水冲刷影响,优化方案 WD56 断面以下库段河槽出现明显的刷深展宽,如 WD04、WD08、WD17 和 WD44;同时,由于第 1 年大水的冲刷塑槽作用,优化方案大部分库段滩地抬升幅度小于初设方案。受水库运用及冲刷条件的影响,优化方案一淤积面低于优化方案二。

　　3. 拐上断面变化

　　图 6-32 给出了万家寨水库 10 年系列试验拐上断面(WD65)平均河底高程变化过程。可以得到,10 年系列试验过程中,各方案该断面平均河底高程最高均出现在第 1 年汛前,为 980.58 m,初设方案、优化方案一、优化方案二平均河底高程最低分别为 979.90 m(第 5 年汛前)、978.91 m(第 9 年汛后)、979.07 m(第 7 年汛后),比第 1 年汛前分别降低 0.68 m、1.67 m 和 1.51 m。

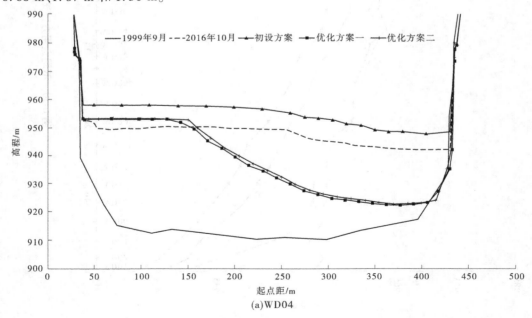

(a)WD04

图 6-31　不同运用方案试验结束典型横断面套绘

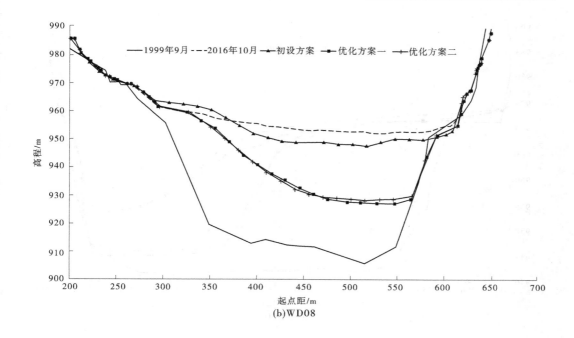

(b)WD08

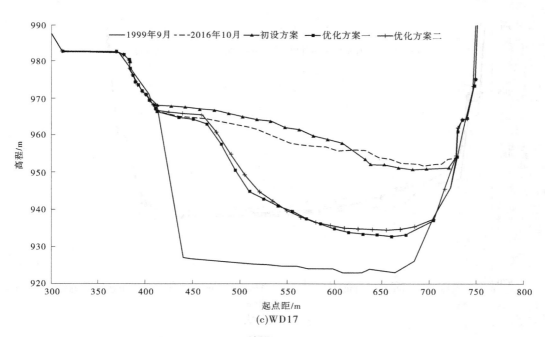

(c)WD17

续图 6-31

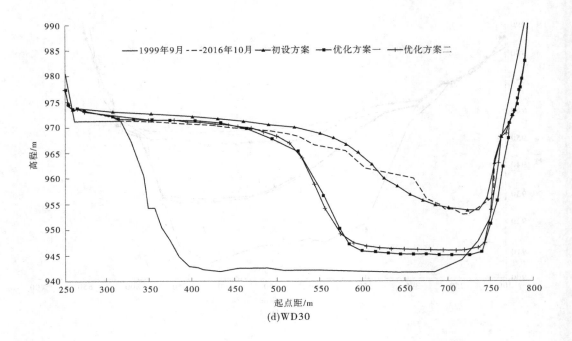

(d)WD30

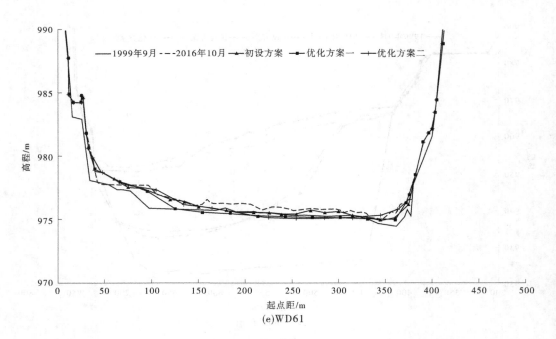

(e)WD61

续图 6-31

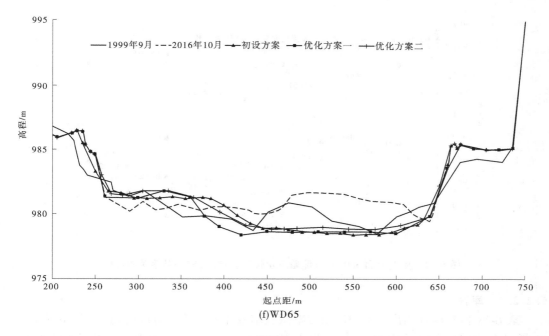

(f)WD65

续图 6-31

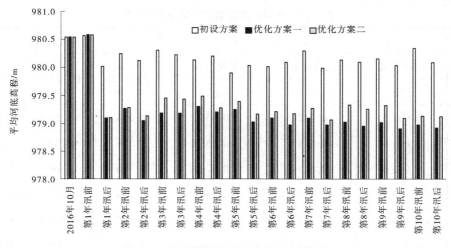

图 6-32　拐上断面平均河底高程变化过程

　　试验结束时,初设方案、优化方案一、优化方案二平均河底高程分别为 980.08 m、978.93 m 和 979.13 m,分别较 2016 年汛后平均河底高程 980.54 m 降低了 0.46 m、1.61 m 和 1.41 m。

　　根据拐上断面同流量(500 m³/s)水位变化(见图 6-33)可以得到,10 年系列试验结束,初设方案、优化方案一与优化方案二拐上断面同流量(500 m³/s)水位分别比试验初期下降 0.14 m、1.24 m 和 1.15 m。

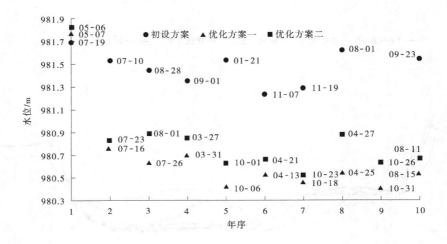

图 6-33　拐上断面 500 m^3/s 流量下水位变化情况（图中数字为月-日）

6.2.2.4　库容

表 6-13 和图 6-34 给出了不同运用方案试验结束库容对比。可以得到，10 年系列试验结束，优化方案各高程下库容均大于初设方案。其中，最高运用水位 980 m 以下初设方案、优化方案一和优化方案二总库容分别为 3.994 9 亿 m^3、5.837 7 亿 m^3 和 5.691 4 亿 m^3。

表 6-13　不同运用方案试验结束库容对比

高程/m	总库容/亿 m^3			差值/亿 m^3		
	初设方案	优化方案一	优化方案二	（2）-（1）	（3）-（1）	（2）-（3）
	（1）	（2）	（3）			
930	0.003 3	0.057 7	0.057 0	0.054 4	0.053 7	0.000 7
935	0.009 6	0.158 3	0.158 0	0.148 7	0.148 4	0.000 3
940	0.016 6	0.323 0	0.322 6	0.306 4	0.306 0	0.000 4
945	0.023 8	0.554 2	0.546 0	0.530 4	0.522 2	0.008 2
950	0.044 1	0.891 5	0.858 8	0.847 4	0.814 7	0.032 7
955	0.159 7	1.322 5	1.263 6	1.162 8	1.103 9	0.058 9
960	0.445 1	1.884 8	1.805 8	1.439 7	1.360 7	0.079 0
965	0.935 3	2.585 8	2.486 6	1.650 5	1.551 3	0.099 2
966	1.063 4	2.747 0	2.643 3	1.683 6	1.579 9	0.103 7
970	1.689 3	3.456 8	3.334 9	1.767 5	1.645 6	0.121 9
975	2.705 7	4.525 3	4.385 9	1.819 6	1.680 2	0.139 4

续表 6-13

高程/m	总库容/亿 m³			差值/亿 m³		
	初设方案	优化方案一	优化方案二	(2)-(1)	(3)-(1)	(2)-(3)
	(1)	(2)	(3)			
979	3.710 7	5.549 3	5.404 1	1.838 6	1.693 4	0.145 2
979.1	3.739 1	5.578 1	5.432 9	1.839 0	1.693 8	0.145 2
980	3.994 9	5.837 7	5.691 4	1.842 8	1.696 5	0.146 3

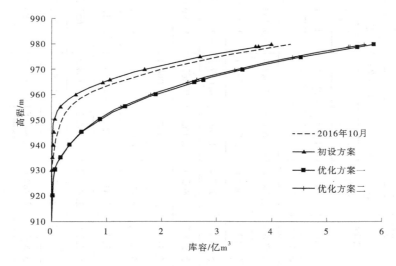

图 6-34 不同运用方案试验结束库容对比

由于优化方案排沙期开展多次降水冲刷,而初设方案运用水位相对较高,优化方案总库容明显大于初设方案;优化方案一、优化方案二分别较初设方案增加 1.842 8 亿 m³、1.696 5 亿 m³。由于优化方案二在排沙期入库流量 800 m³/s 以下时运用水位较优化方案一偏高,库容恢复量值略小于优化方案一,优化方案二总库容较优化方案一减小 0.146 3 亿 m³。

表 6-14、图 6-35 和图 6-36 给出了不同运用方案历年汛后调洪库容与总库容对比。可以得到,受水库调度和入库水沙条件等影响,初设方案调洪库容和总库容整体呈现逐渐减小趋势,而优化方案一整体呈逐渐增长趋势,优化方案二呈现先增后减趋势。第 1 年汛期入库水沙较大,水动力条件较强,库区冲刷,各方案库容均有所恢复,而优化方案由于进行了敞泄排沙运用,库容恢复较为明显。

试验过程中,初设方案调洪库容和总库容最大值均出现在第 1 年汛后,分别为 2.752 1 亿 m³ 和 4.467 3 亿 m³;优化方案一调洪库容和总库容最大值均出现在第 9 年汛后,分别为 2.837 0 亿 m³ 和 5.909 2 亿 m³;优化方案二调洪库容和总库容最大值分别出现在第 6 年和第 9 年汛后,分别为 2.821 4 亿 m³ 和 5.795 4 亿 m³。

表 6-14　不同方案历年汛后调洪库容与总库容对比

单位:亿 m³

年序	初设方案		优化方案一		优化方案二		差值					
							初设方案-优化方案一		初设方案-优化方案二		优化方案一-优化方案二	
	总库容	调洪库容	总库容	调洪库容	总库容	调洪库容	总库容	调洪库容	总库容	调洪库容	总库容	调洪库容
	①	②	③	④	⑤	⑥	①-③	②-④	①-⑤	②-⑥	③-⑤	④-⑥
2016 年	4.345 8	2.747 9	4.345 8	2.747 9	4.345 8	2.747 9	—	—	—	—	—	—
1	4.467 3	2.752 1	5.103 8	2.797 0	4.876 9	2.785 4	-0.636 5	-0.044 9	-0.409 6	-0.033 3	0.226 9	0.011 6
2	4.251 0	2.745 9	5.288 3	2.800 0	5.212 0	2.801 6	-1.037 3	-0.054 1	-0.961 0	-0.055 7	0.076 3	-0.001 5
3	4.136 7	2.739 8	5.123 0	2.797 6	5.010 6	2.787 4	-0.986 3	-0.057 8	-0.873 9	-0.047 6	0.112 5	0.010 2
4	4.182 3	2.733 8	5.348 0	2.801 7	5.288 9	2.802 4	-1.165 7	-0.067 9	-1.106 6	-0.068 6	0.059 1	-0.000 7
5	4.189 9	2.726 2	5.627 8	2.816 3	5.539 5	2.813 5	-1.437 9	-0.090 1	-1.349 6	-0.087 3	0.088 3	0.002 7
6	4.155 4	2.728 4	5.789 8	2.825 9	5.687 1	2.821 4	-1.634 4	-0.097 5	-1.531 7	-0.093 0	0.102 7	0.004 5
7	4.092 0	2.698 0	5.849 9	2.833 1	5.710 9	2.813 7	-1.757 9	-0.135 1	-1.618 9	-0.115 7	0.139 1	0.019 4
8	4.076 8	2.671 9	5.863 0	2.836 1	5.729 5	2.819 0	-1.786 2	-0.164 2	-1.652 7	-0.147 1	0.133 5	0.017 1
9	4.046 3	2.678 0	5.909 2	2.837 0	5.795 4	2.817 0	-1.862 9	-0.159 0	-1.749 1	-0.139 1	0.113 7	0.020 0
10	3.994 9	2.675 8	5.837 7	2.831 1	5.691 4	2.789 6	-1.842 8	-0.155 3	-1.696 5	-0.113 8	0.146 3	0.041 5
试验结束库容恢复	-0.350 9	-0.072 1	1.491 9	0.083 2	1.345 6	0.041 7	—	—	—	—	—	—

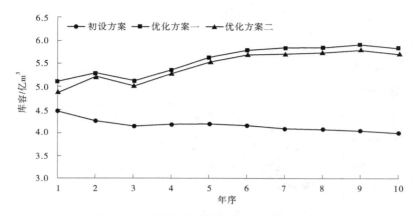

图 6-35　不同运用方案历年汛后总库容对比

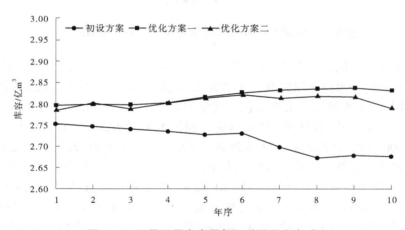

图 6-36　不同运用方案历年汛后调洪库容对比

试验结束,初设方案、优化方案一和优化方案二调洪库容分别为 2.675 8 亿 m³、2.831 1 亿 m³ 和 2.789 6 亿 m³。

调洪库容优化方案明显大于初设方案,而优化方案一大于优化方案二。优化方案一、优化方案二分别较初设方案调洪库容增加 0.155 3 亿 m³、0.113 8 亿 m³;优化方案一较优化方案二调洪库容增加 0.041 5 亿 m³。

6.3　试验结果合理性分析

6.3.1　水库排沙过程合理性

降水冲刷是恢复库容的有效手段。为了预测水库排沙效果,万家寨水库模型进行了为期 45 d 的降水冲刷试验。将万家寨水库模型降水冲刷试验资料代入式(4-2)计算出库输沙率,并与原型相应观测资料对比如图 6-37 所示。两者对比可以看出,模型试验资料结果符合万家寨水库泥沙输移规律,故认为试验结果合理可信。

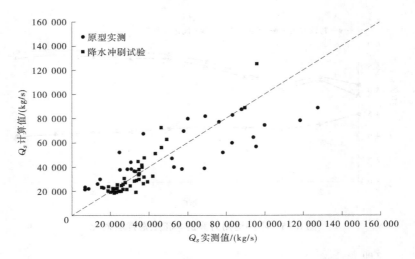

图 6-37　模型试验及原型测验值与式(4-2)计算值相关图

　　万家寨水库非汛期运用水位较高,库区以淤积为主,冲刷主要发生在排沙期,尤其是大流量入库且水库低水位运用时段。万家寨水库优化方案模型试验在排沙期进行过多次敞泄排沙运用,有效地减缓了水库淤积。优化方案第 1 年入库水沙量分别为 266.20 亿 m³ 和 1.134 7 亿 t;其中,排沙期入库水沙量分别为 114.70 亿 m³ 和 0.739 0 亿 t,排沙期入库大于 2 000 m³/s 量级出现 45 d,水库进行了较长时间的敞泄排沙运用。2018 年万家寨原型入库水沙条件及运用状况与优化方案试验第 1 年具有类比性。2018 年万家寨水库来水较丰,全年入库水沙量分别为 312.61 亿 m³ 和 0.965 5 亿 t;其中,排沙期入库水沙量分别为 114.85 亿 m³ 和 0.378 7 亿 t,排沙期入库流量大于 2 000 m³/s 的量级出现 40 d,水库进行了较长时间的低水位(低于 948 m)排沙运用。因此,将 2018 年实测资料与模型试验优化方案第 1 年输沙状况进行对比,以分析模型试验的可信度。

　　表 6-15 统计了排沙期间入库水沙特征值,图 6-38 和图 6-39 给出了万家寨水库 2018 年和优化方案第 1 年入库水沙和水库运用过程。

表 6-15　2018 年实测和优化方案第 1 年敞泄排沙时段水沙特征值统计

项目	库水位低于 950 m 时段					排沙期	
	天数/d	时段 (月-日)	最大入库 流量/(m³/s)	入库水量/ 亿 m³	入库沙量/ 亿 t	入库水量/ 亿 m³	入库沙量/ 亿 t
2018 年	27	08-08~27 09-23~29	2 840	46.76	0.177 2	114.85	0.378 7
优化方案一	16	09-12~27	3 020	36.28	0.234 0	114.7	0.739 0
优化方案二	15	08-08~23	2 320	26.62	0.184 0		

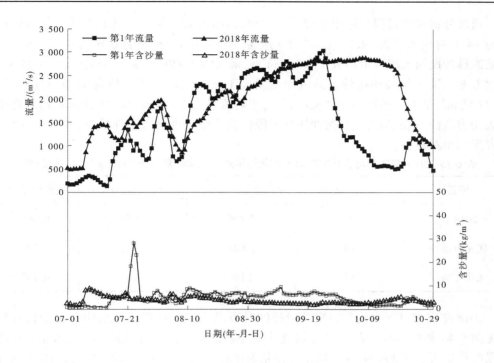

图 6-38　2018 年实测和优化方案第 1 年入库水沙过程

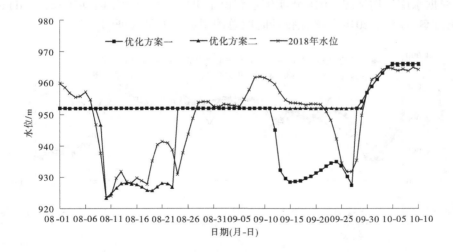

图 6-39　2018 年实测和优化方案第 1 年坝前水位变化过程

三种情景在排沙期入库水量相近,约为 115 亿 m³,2018 年敞泄排沙天数为 27 d,期间入库水量为 46.76 亿 m³;优化方案一、优化方案二第 1 年敞泄排沙天数为分别 16 d、15 d,入库水量分别为 36.28 亿 m³、26.62 亿 m³。这说明优化方案敞泄排沙期间入库水量和天数均小于 2018 年。

　　通过分析水沙过程及运用水位可以发现,2018年排沙期间入库流量大于 2 000 m³/s 的为 14 d,对应水量为 29.71 亿 m³,平均流量为 2 456 m³/s(见表 6-16);优化方案一第 1 年敞泄排沙期间入库流量均大于 2 000 m³/s,最大为 3 020 m³/s,平均流量为 2 624 m³/s;优化方案二第 1 年敞泄排沙期间入库流量大于 2 000 m³/s 的天数为 12 d,对应水量为 22.77 亿 m³,最大入库流量为 2 320 m³/s,平均流量为 2 196 m³/s。大流量长历时意味着较大动力条件,这说明大流量敞泄排沙时段优化方案一水动力条件最强,2018 年次之,优化方案二相对较弱。

表 6-16　2018 年实测与优化方案第 1 年敞泄排沙期入库流量大于 2 000 m³/s 特征值统计

项目	运用天数/d	平均流量/(m³/s)	入库水量/亿 m³	入库沙量/亿 t
2018 年	14	2 456	29.71	0.095 9
优化方案一	16	2 624	36.28	0.234 0
优化方案二	12	2 196	22.77	0.152 8

　　2018 年实测过程和优化方案敞泄排沙时段出库水沙过程以及出库沙量变化过程对比见图 6-40 和图 6-41。表 6-17 分别统计了万家寨水库 2018 年实测和优化方案敞泄排沙时段与流量大于 2 000 m³/s 时段出库沙量及库区冲刷量对比。可以得到,2018 年和优化方案一、优化方案二敞泄排沙时段冲刷量分别为 1.531 9 亿 t、1.012 0 亿 t 和 0.846 7 亿 t。根据水库运用情况,2018 年实测过程由于汛期低水位运用时间较长(27 d),明显多于优化方案。因此,2018 年敞泄排沙时段总冲刷量最大是合理的。

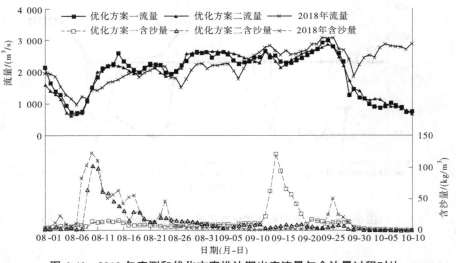

图 6-40　2018 年实测和优化方案排沙期出库流量与含沙量过程对比

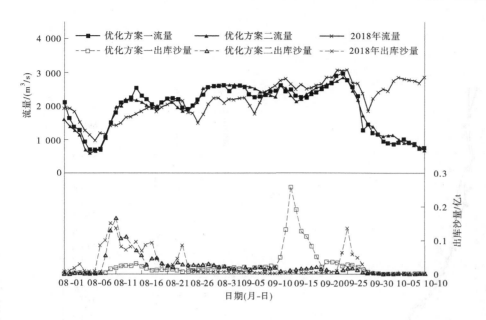

图 6-41　2018 年实测和优化方案排沙期出库沙量过程对比

表 6-17　2018 年实测和优化方案敞泄排沙时段出库沙量及库区冲刷量对比　　单位:亿 t

项目	低水位 $Q>2\,000\ m^3/s$ 时段		排沙时段	
	出库沙量	冲刷量	出库沙量	冲刷量
2018 年	0.631 0	0.535 1	1.709 1	1.531 9
优化方案一	1.245 9	1.012 0	1.245 9	1.012 0
优化方案二	0.677 4	0.524 6	1.030 6	0.846 7

　　2018 年实测和优化方案一、优化方案二敞泄排沙运用且入库流量大于 2 000 m³/s 时段冲刷量分别为 0.535 1 亿 t、1.012 0 亿 t 和 0.524 6 亿 t。大流量低水位运用时,优化方案一水流动力条件强,而且冲刷历时长,因此冲刷量大于 2018 年实测和优化方案二。

　　图 6-42 给出了 2018 年与优化方案第 1 年汛后纵剖面对比。可以得到,2018 年实测和优化方案第 1 年库区均发生强烈冲刷。相比而言,2018 年库区冲刷幅度最大,优化方案一次之,优化方案二相对最小。

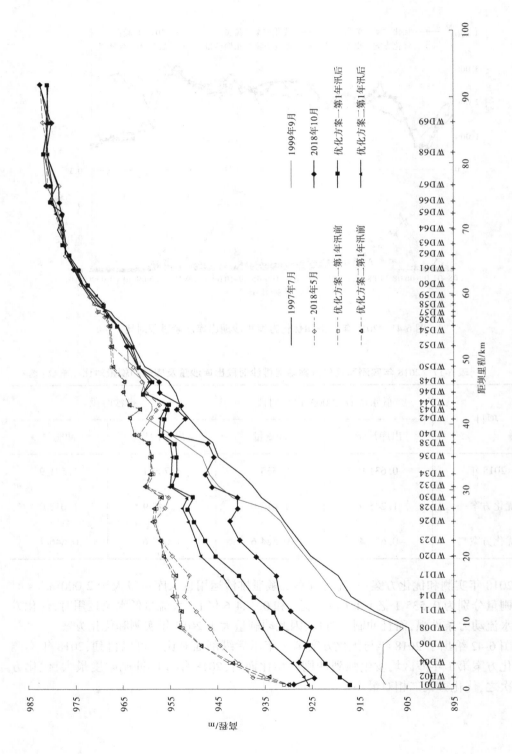

图 6-42　模型试验与实测库区干流纵剖面对比 (深泓点)

6.3.2　调洪库容恢复与排沙历时关系

表 6-18 给出了万家寨水库 2014～2019 年实测和模型试验低水位排沙历时与调洪库容恢复量之间的关系。调洪库容恢复量指的是汛后调洪库容与汛前调洪库容的差值。可以得到,万家寨水库实测资料和试验数据不仅均表现出调洪库容恢复量与低水位排沙历时呈正相关关系,而且两者在量值上较为接近。如 2018 年低水位排沙运用 27 d,调洪库容恢复 0.119 9 亿 m^3,而 2015 年低水位排沙运用 2 d,调洪库容仅恢复 0.022 0 亿 m^3。

表 6-18　低水位排沙时段冲刷天数及调洪库容恢复量统计

优化方案一			优化方案二			实测		
年序	冲刷天数/d	调洪库容恢复量/亿 m^3	年序	冲刷天数/d	调洪库容恢复量/亿 m^3	年份	冲刷天数/d	调洪库容恢复量/亿 m^3
1	16	0.105 5	1	15	0.090 8	2014	2	-0.031 8
2	12	0.056 6	2	12	0.071 1	2015	2	0.022 0
3	0	0.019 2	3	0	0.005 4	2017	2	0.021 5
4	6	0.013 8	4	9	0.026 9	2018	27	0.119 9
5	16	0.031 0	5	15	0.016 2	2019	7	0.072 9
6	17	0.029 9	6	15	0.020 7	降水冲刷	45	0.100 7
7	7	0.045 0	7	7	0.011 7			
8	6	0.024 5	8	5	0.022 2			
9	7	0.013 8	9	11	-0.001 0			
10	0	0.006 4	10	0	-0.017 2			

受水库调度、前期地形以及入库水沙等因素影响,同样的排沙历时,调洪库容恢复量有所不同。如模型试验第 2 年,排沙历时同样都是 12 d,优化方案一、优化方案二调洪库容分别恢复 0.056 6 亿 m^3 亿和 0.071 1 亿 m^3。尽管如此,库容恢复变化趋势是一致的。

6.3.3　冲刷量与影响因素的关系

水库降水冲刷期间库区冲刷效果主要受运用水位、水流动力条件和冲刷历时影响。在运用水位接近时,冲刷效果主要与水流动力条件和冲刷历时有关。图 6-43～图 6-45 给出了万家寨水库 2014～2019 年和模型试验降水冲刷时段库区冲刷量与出库水量、冲刷历时以及运用水位之间的关系。

可以得到,万家寨水库实测资料和试验数据均表现出水库低水位排沙时段库区冲刷量与出库水量和冲刷历时呈正相关关系,在量值上两者变化规律一致。即随着出库水量和冲刷历时的增加,库区冲刷量增加。如 2018 年低水位排沙时段出库水量较大,为 30.32 亿 m^3,冲刷历时较长为 20 d,库区冲刷量也较大,为 1.225 8 亿 t。

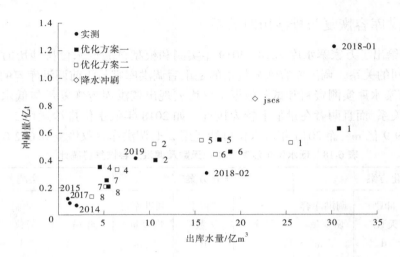

注:图中点群标注数字表示试验年序或实测年份,jscs 表示降水冲刷。

图 6-43　低水位排沙时段库区冲刷量与出库水量关系

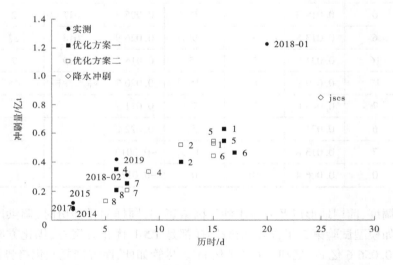

注:图中点群标注数字表示试验年序或实测年份,jscs 表示降水冲刷。

图 6-44　低水位排沙时段库区冲刷量与冲刷历时关系

受冲刷历时和水流条件影响,降水冲刷期间库区冲刷量与运用水位并未表现出明显的相关性(见图 6-45)。进一步分析发现,在出库水量较少、冲刷历时较短且运用水位也较高的 2014 年、2015 年和 2017 年,库区冲刷量较小。在出库水量较大的 2018 年、降水冲刷专题试验以及系列年的第 1 年,出库水量均大于 21 亿 m³,冲刷历时均在 15 d 以上,尽管运用水位较高,冲刷量仍然较大。系列年试验其他年份冲刷量呈现出随水位抬升而减少趋势。

从图 6-45 中还可以得到,运用水位 930 m 以下时,随着水位降低,冲刷量增加幅度较大。相比而言,运用水位 930 m 以上时,随着水位降低,冲刷量增加相对较缓。

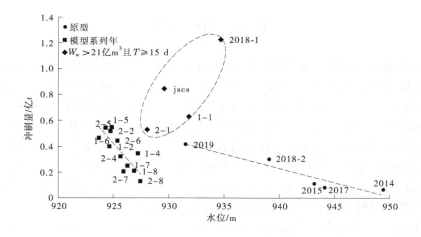

注:图中点群标注数字表示试验年序或实测年份,jscs 表示降水冲刷试验。

图 6-45　低水位排沙时段库区冲刷量与运用水位关系

结合上述各因素同库区冲刷量的相关分析,万家寨水库降水冲刷运用时,库区冲刷量(W_s)与出库水量(W_w)、冲刷历时(T)以及运用水位与 950 m 差值(ΔZ)存在如下关系:

$$W_s = KW_w^{0.64}T^{0.02}\Delta Z^{0.11} \tag{6-1}$$

库区冲刷量计算值和实测值相关图见图 6-46,系数 $K=0.062$。相关系数 R 为 0.915,判定系数 R^2 为 0.838。可以得到,式(6-1)计算值与实测值吻合较好,参数简单,在实际调度中易于使用,未来能够用于预测万家寨水库场次洪水降水冲刷并为调度提供技术支撑。

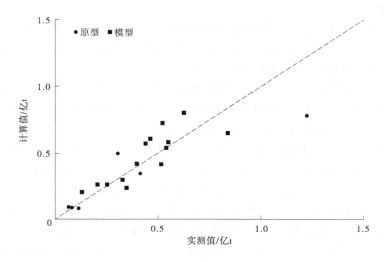

图 6-46　库区冲刷量计算值和实测值相关图

6.4　小　结

（1）万家寨水库降水冲刷模型试验以 2015 年 4 月地形为初始地形,采用流量为 1 000 m^3/s、含沙量为 4 kg/m^3 的恒定入库水沙过程,控制坝前运用水位 929 m,历时 45 d。

①冲刷过程。试验过程中,库区干流主槽冲刷为溯源冲刷和沿程冲刷的叠加。溯源冲刷从坝前开始,局部产生跌坎,跌坎以下形成水流湍急的窄深河槽。随河槽的大幅度降低,坝前段滩地尚未固结且处于饱和状态的淤积物失稳,在重力及渗透水压力的共同作用下向主槽内滑塌,使得河槽与部分滩地淤积面均有较大幅度的下降。在库区中下段,沉积历时较久的滩地会随着河槽下切,边壁呈现块状坍塌。库区上段表现为沿程冲刷,一般限于河槽,沿程冲刷引起的水流含沙量调整幅度小于溯源冲刷。

②库区冲淤量及分布。沙量平衡法计算库区累计冲刷量 1.178 6 亿 t;断面法计算为 0.890 9 亿 m^3,主要集中在高程 955 m 以下,冲刷量为 0.724 2 亿 m^3,占总冲刷量的 81.3%。前期库区冲刷剧烈,第 3 天、第 5 天、第 10 天冲刷量沙量平衡法计算分别为 0.222 9 亿 t、0.316 4 亿 t 和 0.461 7 亿 t,断面法计算分别为 0.187 6 亿 m^3、0.260 1 亿 m^3 和 0.374 5 亿 m^3。

③冲刷形态。库区自下而上冲刷幅度呈减小的趋势,试验结束干流纵比降增大,溯源冲刷上溯至 WD26 断面(距坝 25.31 km),库底高程 953 m,坝前淤积面高程约 913 m。试验过程中横断面冲刷包括三种表现:一是在坝前段,滩槽高程均下降,主要是由于淤积物泥沙颗粒细,沉积历时短,主槽刷深,滩地滑塌;二是在库区中下段,主槽与临水部分滩地呈块状坍塌,主要是滩地淤积物沉积历时略长,固结程度较高所致;三是在库区中上段,以河槽冲刷为主。总体看,降水冲刷之后,库区滩槽高差增大,河槽窄深,比降增大,更加有利于泄洪排沙。

④库容变化。试验结束后,最高运用水位 980 m 以下总库容为 5.288 4 亿 m^3,其中,汛限水位 966 m 以上 3.069 8 亿 m^3,调洪库容为 2.829 3 亿 m^3。试验前后对比,总库容增加 0.890 9 亿 m^3,调洪库容增加 0.100 7 亿 m^3。

（2）万家寨水库模型针对正常运行期三种运用方式,开展了相同初始条件及水沙系列的试验。10 年系列试验得到历年库区冲淤量、冲淤形态调整、库容变化过程,对其试验结果进行对比分析,可为优选水库调度方式提供技术支撑。

①水库调度方式。三种水库运用方案在非汛期和汛期的 7 月、10 月调度过程相同,差别主要体现在排沙期流量。入库流量小于 800 m^3/s 时,初设方案和优化方案一库水位控制在 952~957 m 运用,而优化方案二库水位控制在 966 m 运用。入库流量大于或等于 800 m^3/s 且小于 1 000 m^3/s 时,三方案库水位均保持 952 m 运行。入库流量大于或等于 1 000 m^3/s 时,初设方案在库区淤积严重时短期降至 948 m 冲沙(5~7 d);而优化方案一和优化方案二在入库流量大于或等于 1 000 m^3/s 持续 5 d 及以上时,敞泄排沙运用 5~15 d,之后保持库水位 952 m 运行。

②初设方案库区整体呈现累积性淤积趋势,而优化方案整体呈现为冲刷。

沙量平衡法计算,10 年系列试验结束,初设方案库区淤积 0.384 1 亿 t,优化方案一和优化方案二库区分别冲刷 1.724 8 亿 t、1.611 9 亿 t;优化方案一、优化方案二分别较初设方案少淤积 2.108 9 亿 t、1.996 0 亿 t,优化方案一较优化方案二少淤积 0.112 9 亿 t。

　　断面法计算,10 年系列试验结束,初设方案库区淤积 0.350 9 亿 m³,而优化方案一和优化方案二库区分别冲刷 1.491 9 亿 m³、1.345 6 亿 m³;优化方案一、优化方案二分别较初设方案少淤积 1.842 8 亿 m³、1.696 5 亿 m³,优化方案一较优化方案二多冲刷 0.146 3 亿 m³。

　　初设方案汛限水位 966 m 以上整体呈现淤积,而优化方案呈现为冲刷。10 年系列试验结束,初设方案库区淤积 0.070 5 亿 m³,优化方案一、优化方案二分别冲刷 0.088 7 亿 m³、0.046 亿 m³。优化方案一、优化方案二分别较初设方案少淤积 0.159 3 亿 m³、0.116 8 亿 m³;优化方案一较优化方案二多冲刷 0.042 5 亿 m³。

　　③库区纵向形态调整。10 年系列结束,各运用方案干流淤积形态均由三角洲淤积形态转化为锥体淤积形态,仅在坝前存在冲刷漏斗,WD56 断面(距坝 56.63 km)以上库段冲淤变化不大。受水库调度影响,初设方案干流淤积面较高,库区中下段有淤有冲,比降整体较缓;而优化方案淤积面较低,库区中下段冲刷明显,比降较大;优化方案二库区干流纵剖面略高于优化方案一。

　　④库容变化。10 年系列试验结束,优化方案各高程下库容均大于初设方案。

　　初设方案、优化方案一和优化方案二总库容分别为 3.994 9 亿 m³、5.837 7 亿 m³ 和 5.691 4 亿 m³。优化方案一、优化方案二分别较初设方案增加 1.842 8 亿 m³、1.696 5 亿 m³;优化方案一总库容较优化方案二增加 0.146 3 亿 m³。

　　初设方案、优化方案一和优化方案二调洪库容分别为 2.675 8 亿 m³、2.831 1 亿 m³ 和 2.789 6 亿 m³。优化方案一、优化方案二分别较初设方案增加 0.155 3 亿 m³、0.113 8 亿 m³;优化方案一调洪库容较优化方案二增加 0.041 5 亿 m³。

　　⑤方案对比表明:优化方案由于增加多次降水冲刷,在恢复水库库容、减缓水库淤积、保持调洪库容等方面明显优于初步设计方案。

　　(3)万家寨水库实测资料及模型试验表明:调洪库容恢复量与低水位排沙历时呈正相关关系;库区冲刷量(W_s)与出库水量(W_w)、冲刷历时(T)以及运用水位与 950 m 差值(ΔZ)之间的关系可用 $W_s = KW_w^{0.64} T^{0.02} \Delta Z^{0.11}$ 描述。

　　(4)利用万家寨水库实测资料得到的水库排沙及库区冲刷量与出库水量、冲刷历时及运用水位等因素之间的关系,同样适合模型试验结果,表明模型试验结果合理可靠。

第7章　结论及认识

7.1　主要结论

7.1.1　水库调度方式

（1）万家寨水库模型降水冲刷试验初始地形为 2015 年 4 月库区实测地形，采用恒定流量 1 000 m³/s 与稳定坝前水位 929 m，历时 45 d。

（2）万家寨水库模型三种运用方案运用方式的差别主要体现在 8 月、9 月的排沙期。入库流量小于 800 m³/s 时，初设方案和优化方案一库水位控制在 952~957 m 运用，而优化方案二库水位控制在 966 m 运用；入库流量大于或等于 800 m³/s 且小于 1 000 m³/s 时，优化方案三库水位均保持 952 m 运行；入库流量大于或等于 1 000 m³/s 时，初设方案在库区淤积严重时短期降至 948 m 冲沙（5~7 d），而优化方案一和优化方案二在入库流量大于或等于 1 000 m³/s 持续 5 d 及以上时，敞泄排沙运用 5~15 d，之后保持库水位 952 m 运行。

（3）2011~2019 年万家寨水库非排沙期基本按设计运用方式，排沙期进行过多次排沙运用。其中，2011~2013 年汛期排沙运行期，万家寨水库主要按设计运行水位 952~957 m 运用，排沙历时较长达 25 d 以上，最低运用水位不低于 952 m；2014 年、2015 年及 2017 年，万家寨水库实行低水位冲沙运用，952 m 以下冲沙历时 1~3 d；2018 年、2019 年洪水期进行了长历时降水冲刷运用，952 m 以下分别运用 28 d 和 8 d。

7.1.2　冲淤量及其分布

（1）降水冲刷试验。

沙量平衡法计算库区累计冲刷量 1.178 6 亿 t；断面法计算库区累计冲刷量 0.890 9 亿 m³，冲刷主要集中在高程 955 m 以下，冲刷量为 0.724 2 亿 m³，占总冲刷量的 81.3%。

（2）运用方案 10 年系列试验。

初设方案：沙量平衡法计算入库沙量 4.843 8 亿 t，出库沙量 4.459 7 亿 t，库区淤积 0.384 1 亿 t，其中非汛期淤积 1.542 1 亿 t，汛期冲刷 1.158 0 亿。断面法计算库区累计淤积 0.350 9 亿 m³，其中干流淤积 0.334 6 亿 m³，支流淤积 0.016 3 亿 m³；非汛期淤积 1.362 4 亿 m³，汛期冲刷 1.011 5 亿 m³；汛限水位 966 m 以上淤积 0.070 5 亿 m³。

优化方案一：沙量平衡法计算出库沙量 6.568 7 亿 t；库区冲刷 1.724 8 亿 t，其中非汛期淤积 1.543 3 亿 t，汛期冲刷 3.268 2 亿 t。断面法计算库区累计冲刷 1.491 9 亿 m³，其中干流冲刷 1.507 7 亿 m³，支流淤积 0.015 8 亿 m³；非汛期淤积 1.439 2 亿 m³，汛期冲刷 2.931 1 亿 m³；汛限水位 966 m 以上冲刷 0.088 8 亿 m³。

优化方案二：沙量平衡法计算出库沙量 6.455 7 亿 t；库区冲刷 1.611 9 亿 t，其中非汛期淤积 1.524 3 亿 t，汛期冲刷 3.136 2 亿 t。断面法计算库区冲刷 1.345 6 亿 m³，其中干流冲刷 1.362 3 亿 m³，支流淤积 0.016 6 亿 m³；非汛期淤积 1.448 6 亿 m³，汛期冲刷 2.794 3 亿 m³；汛限水位 966 m 以上冲刷 0.046 3 亿 m³。

沙量平衡法计算，优化方案一、优化方案二分别较初设方案少淤积 2.108 9 亿 t、1.996 0 亿 t，优化方案一较优化方案二多冲刷 0.112 9 亿 t。断面法计算，优化方案一、优化方案二分别较初设方案少淤积 1.842 8 亿 m³、1.696 5 亿 m³，优化方案一较优化方案二多冲刷 0.146 3 亿 m³。

汛限水位 966 m 以上优化方案一、优化方案二分别较初设方案少淤积 0.159 3 亿 m³、0.1168 亿 m³；优化方案一较优化方案二多冲刷 0.042 5 亿 m³。

系列年历年冲淤变化表明，非汛期库区均发生淤积；汛期大多年份发生冲刷；在未进行敞泄排沙运用的年份，整年度以淤积为主。

（3）2011～2019 年排沙运用。

2011～2019 年万家寨水库 9 次排沙（冲沙）期间，库区累计冲刷 2.859 亿 t。2011～2019 年断面法计算万家寨库区累计冲刷 0.931 亿 m³，其中干流冲刷 0.949 亿 m³，支流淤积 0.018 亿 m³。汛限水位 966 m 以下累计冲刷 0.825 亿 m³，966 m 至最高运用水位 980 m 发生少量冲刷，冲刷量为 0.106 亿 m³。

7.1.3　淤积形态

（1）降水冲刷试验。

库区自下而上冲刷幅度呈减小的趋势，45 d 冲刷过后干流纵比降增大，溯源冲刷上溯至 WD26 断面（距坝 25.31 km），相应库底高程 953 m，坝前淤积面高程约 913 m。

（2）运用方案 10 年系列试验。

三方案库区干流淤积形态均由三角洲转化为锥体淤积形态，但坝前淤积面高程相差较大。

初设方案：WD56 断面以下的大部分库段，滩面呈抬升趋势，而河槽在年内与年际之间发生冲淤交替；WD56 断面以上库段，整体冲淤变化不大；坝前淤积面高程约 946 m。

优化方案：WD56 断面以下库段河槽在年内与年际之间冲淤交替，地形调整幅度较大；WD56 断面以上库段，整体冲淤变化不大；坝前淤积面高程优化方案一与优化方案二接近，分别为 920 m 和 919 m。

（3）2011～2019 年排沙运用。

2011～2017 年排沙运用期间，库区干流为三角洲淤积形态，三角洲顶点位置不断发生变化。经过 2011～2013 年排沙期 3 次排沙运用，库区河床仍不断淤积抬升，至 2013 年汛后，三角洲顶点由 2011 年汛前距坝 9.14 km 的 WD08 断面下移至距坝 3.93 km 的 WD04 断面，顶点高程由 947.36 m 抬升至 950.04 m。之后，经过 2014～2017 年汛期冲沙运行，库区整体呈现少量冲刷，三角洲顶点位置上移至距坝 11.70 km 的 WD11 断面，高程为 949.19 m。

2018 年黄河遇丰水年，万家寨水库开展 28 d 降水冲刷运用，库区发生强烈冲刷，距坝

50 km 以下库段深泓点纵剖面和平均河底高程均大幅度下降。2019 年洪水期降水冲刷之后,库区基本保持在 2018 年淤积形态的基础上有所淤积。

7.1.4　库容变化

(1)降水冲刷试验。

最高运用水位 980 m 以下总库容为 5.288 4 亿 m^3,其中,汛限水位 966 m 以上 3.069 8 亿 m^3,调洪库容为 2.829 3 亿 m^3。试验前后对比,总库容增加 0.890 9 亿 m^3,调洪库容增加 0.100 7 亿 m^3。

(2)运用方案 10 年系列试验。

初设方案:最高运用水位 980 m 以下总库容为 3.994 9 亿 m^3,其中,汛限水位 966 m 以上 2.931 5 亿 m^3,调洪库容为 2.675 7 亿 m^3,槽库容为 2.736 5 亿 m^3,滩库容为 1.258 4 亿 m^3。

优化方案一:最高运用水位 980 m 以下总库容为 5.837 7 亿 m^3,其中,汛限水位 966 m 以上 3.090 7 亿 m^3,调洪库容为 2.831 1 亿 m^3,槽库容为 5.170 5 亿 m^3,滩库容为 0.667 2 亿 m^3。

优化方案二:最高运用水位 980 m 以下总库容为 5.691 4 亿 m^3,其中,汛限水位 966 m 以上 3.048 1 亿 m^3,调洪库容为 2.789 6 亿 m^3,槽库容为 4.657 5 亿 m^3,滩库容为 1.033 9 亿 m^3。

优化方案一、优化方案二与初设方案相比,总库容增加量分别为 1.842 8 亿 m^3、1.696 5 亿 m^3,调洪库容增加量分别为 0.155 3 亿 m^3、0.113 8 亿 m^3;优化方案二与优化方案一相比,总库容与调洪库容减少量分别为 0.146 3 亿 m^3、0.041 5 亿 m^3。

(3)2011~2019 年排沙运用。

2011~2019 年排沙期水库进行过多次排沙运用,2019 年汛后总库容、调洪库容分别为 5.779 亿 m^3、2.823 亿 m^3,与 2010 年汛后相比,相应地分别增加 0.931 亿 m^3、0.098 亿 m^3。

7.1.5　拐上断面变化

10 年系列试验结束,初设方案、优化方案一与优化方案二拐上断面平均河底高程分别为 980.08 m、978.93 m 和 979.13 m,分别较 2016 年汛后降低 0.46 m、1.61 m 和 1.41 m;初设方案、优化方案一与优化方案二拐上断面同流量(500 m^3/s)水位分别比试验初期下降 0.14 m、1.24 m 和 1.15 m。

2011~2019 年汛后拐上断面平均河底高程在 979.2~980.74 m 变化,最大值出现在 2016 年 10 月,为 980.74 m,2018 年汛后最低,为 979.2 m。

7.2　主要认识

(1)截至 2016 年 10 月,最高运用水位 980 m 以下总库容为 4.397 5 亿 m^3,调洪库容为 2.728 6 亿 m^3,较设计调洪库容 3.02 亿 m^3 减小 0.291 4 亿 m^3。初设方案 10 年系列试

验结束,最高运用水位 980 m 以下总库容为 3.994 9 亿 m³,调洪库容为 2.675 7 亿 m³,总库容及调洪库容进一步减小。说明按初步设计运用方式,水库将会继续淤积,因此初步设计运用方式有待调整。

(2)万家寨水库降水冲刷试验总库容和调洪库容分别增加 0.890 9 亿 m³ 和 0.100 7 亿 m³。2018 年汛后总库容和调洪库容分别增加了 1.563 3 亿 m³ 和 0.119 9 亿 m³。降水冲刷试验、2018 年和 2019 年水库实际运用情况表明,遇较大入库洪水进行较长历时敞泄排沙运用,能够有效恢复水库库容,调洪库容也可以得到一定量的恢复。

(3)优化方案在初步设计方案的基础上,借鉴降水冲刷试验以及实测资料成果,增加在入库流量大于或等于 1 000 m³/s 持续 5 d 及以上时,敞泄排沙运用 5~15 d,取得较好的运用效果,有效地减缓水库淤积的同时,调洪库容不再继续损失。2018 年水库降水冲刷也很好地说明这一点。

(4)与初设方案相比,优化方案一增加敞泄排沙运用,能够保持总库容和调洪库容不再进一步损失,但敞泄排沙时段,水库不能正常发电,损失了部分发电效益。而优化方案二敞泄排沙运用能够保持总库容和调洪库容不再进一步损失的前提下,适当抬高汛期小流量运用水位,有利于弥补水库发电损失,因此可作为水库近期运用的优选方案。

(5)万家寨出库含沙量与运用水位密切相关。当坝前水位超过 966 m 时,水库基本不排沙;水位 966 m 以下出库含沙量随水位降低而增加。其中,运用水位超过 957 m 时,日均出库含沙量一般小于 10 kg/m³;运用水位超过 950 m 时,日均出库含沙量一般小于 20 kg/m³;当运用水位低于 950 m,出库含沙量迅速增加。降低水位排沙初期,出库含沙量明显大于同水位其他时段。一般情况下,日均出库含沙量大于 25 kg/m³ 时,运用水位往往低于 935 m。

(6)根据 2011~2019 年万家寨水库排沙期资料进行了各因素同出库输沙率的相关分析,得到:当库水位在 950~960 m 时,出库输沙率(Q_s)同入库流量($Q_入$)、入库含沙量($S_入$)、回水末端到 WD57 断面(距坝 57.29 km)的距离(L)、回水末端以下的库容(V)之间的关系可用 $Q_s = K \dfrac{Q_入^{1.52} S_入^{1.06} L^{0.8}}{V^{0.56}}$ 表达;当库水位低于 950 m 时,出库输沙率(Q_s)同入库流量($Q_入$)、回水末端到 WD57 断面的距离(L)、降至 950 m 时的冲刷历时(T)之间的关系可描述为 $Q_s = K \dfrac{Q_入^{0.47} L^{2.49}}{T^{0.5}}$。

(7)万家寨水库实测资料及模型试验表明:调洪库容恢复量与低水位排沙历时呈正相关;库区冲刷量(W_s)与出库水量(W_w)、冲刷历时(T)以及运用水位与 950 m 差值(ΔZ)之间的关系可用 $W_s = K W_w^{0.64} T^{0.02} \Delta Z^{0.11}$ 描述。

(8)利用万家寨水库实测资料得到的水库排沙及库区冲刷量与出库水量、冲刷历时及运用水位等因素之间的关系,同样适合模型试验结果,表明模型试验结果合理可靠。

万家寨水库溯源冲刷规律及运用方式研究

附录 1 不同运用方案试验结束库区干流纵剖面对比

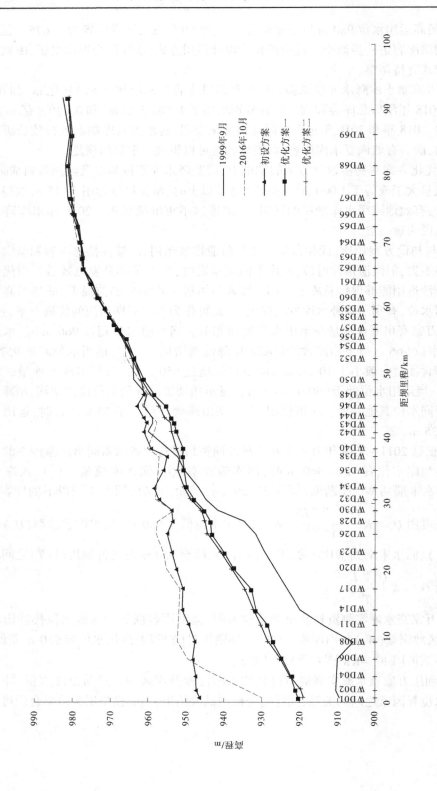

附图 1-1 干流深泓点纵剖面

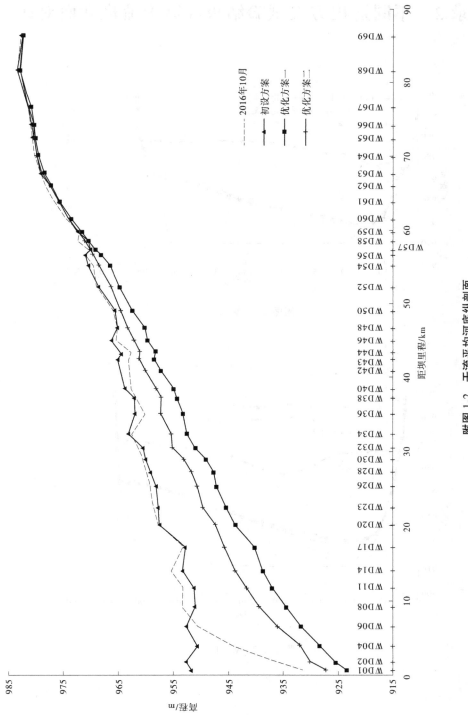

附图 1-2　干流平均河底纵剖面

附录 2　不同运用方案试验结束库区干流横断面对比

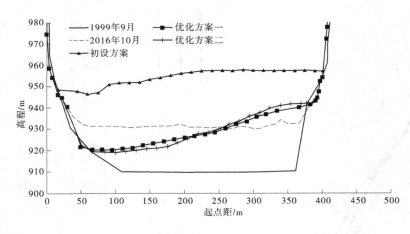

附图 2-1　WD01

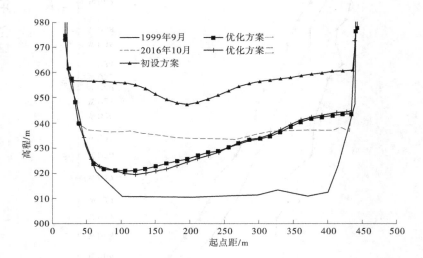

附图 2-2　WD02

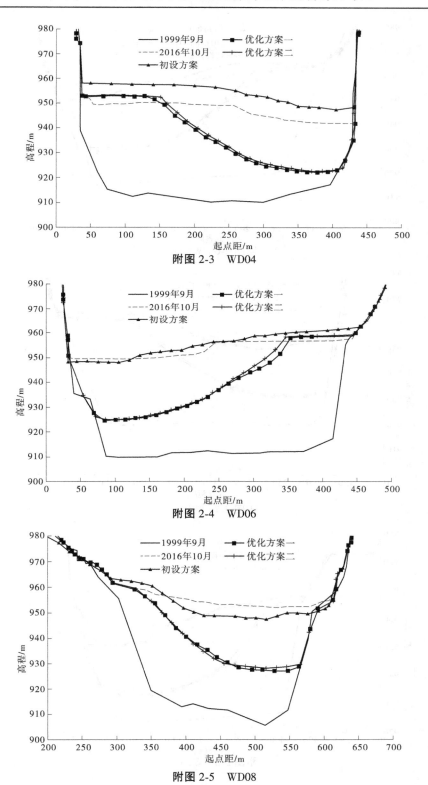

附图 2-3　WD04

附图 2-4　WD06

附图 2-5　WD08

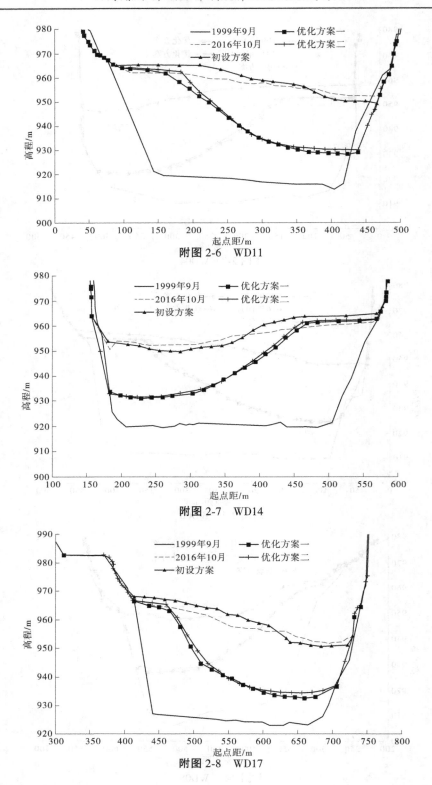

附图 2-6　WD11

附图 2-7　WD14

附图 2-8　WD17

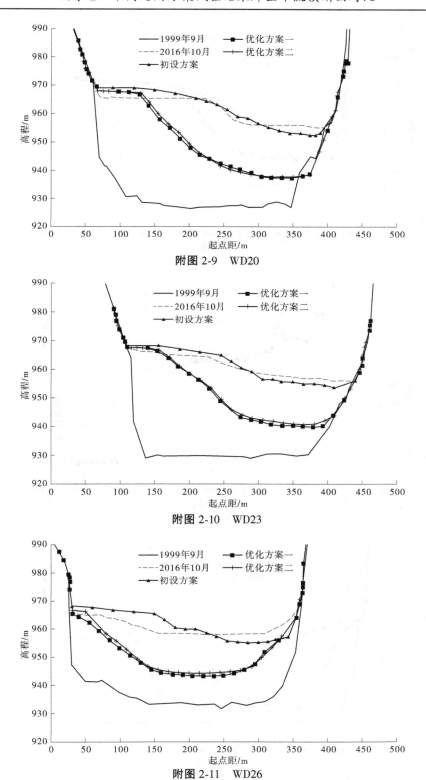

附图 2-9   WD20

附图 2-10   WD23

附图 2-11   WD26

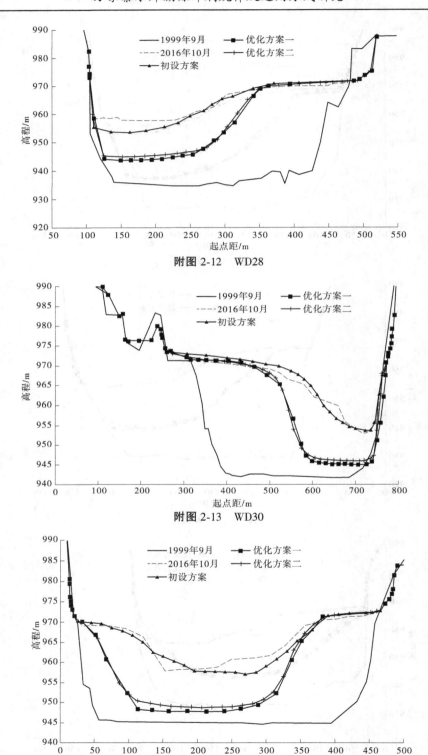

附图 2-12　WD28

附图 2-13　WD30

附图 2-14　WD32

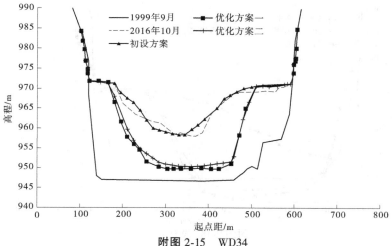

附图 2-15　WD34

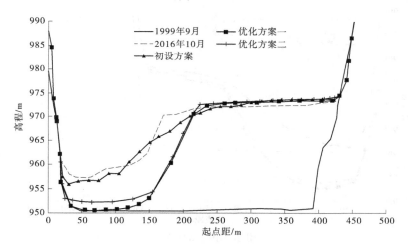

附图 2-16　WD36

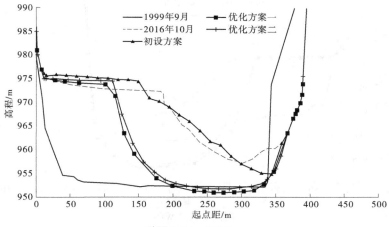

附图 2-17　WD38

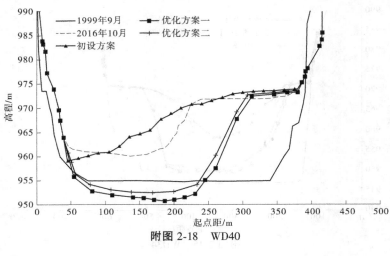

附图 2-18　WD40

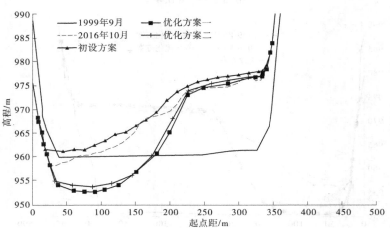

附图 2-19　WD42

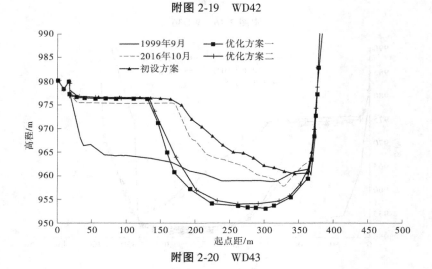

附图 2-20　WD43

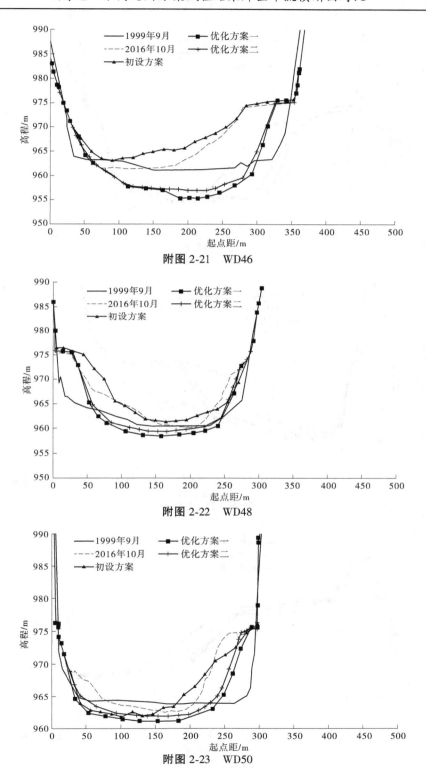

附图 2-21　WD46

附图 2-22　WD48

附图 2-23　WD50

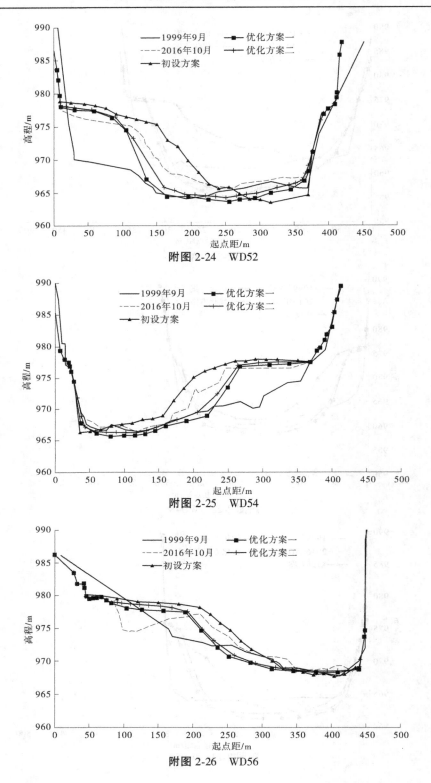

附图 2-24　WD52

附图 2-25　WD54

附图 2-26　WD56

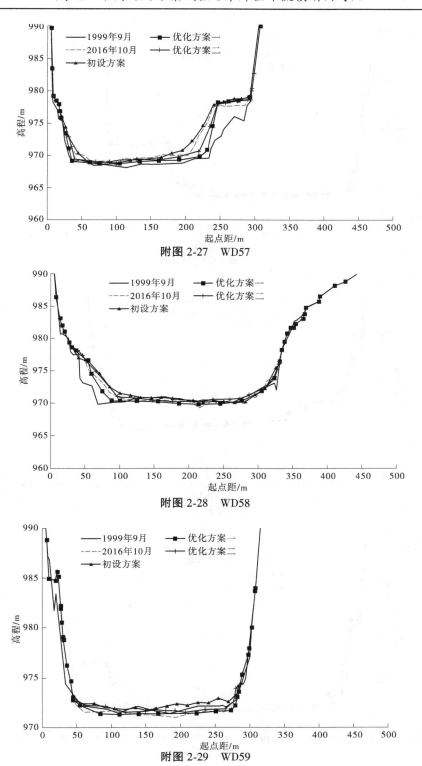

附图 2-27　WD57

附图 2-28　WD58

附图 2-29　WD59

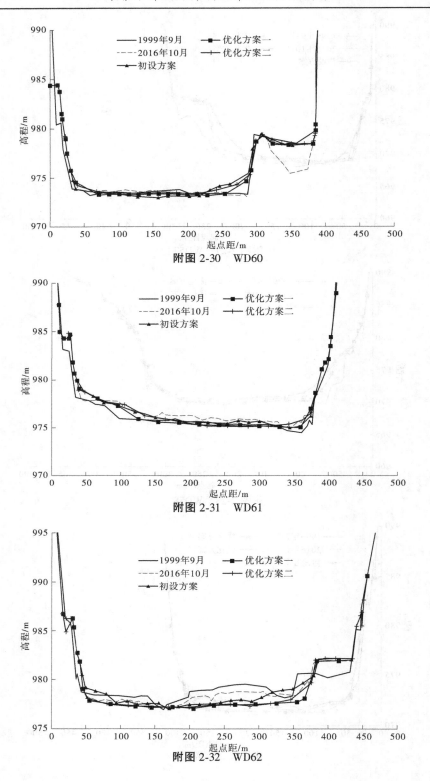

附图 2-30　WD60

附图 2-31　WD61

附图 2-32　WD62

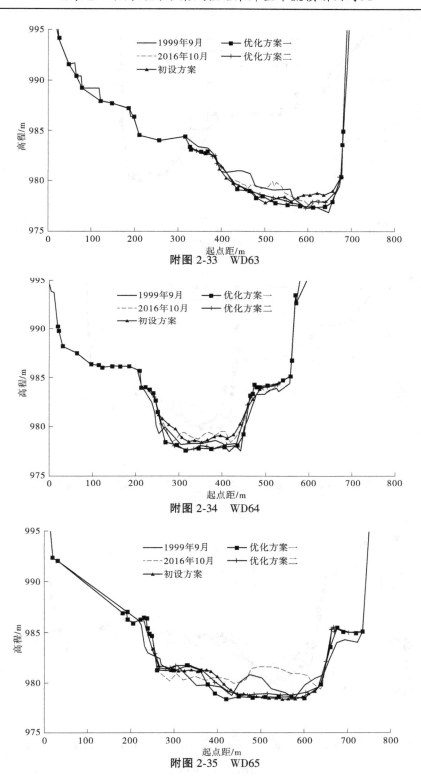

附图 2-33　WD63

附图 2-34　WD64

附图 2-35　WD65

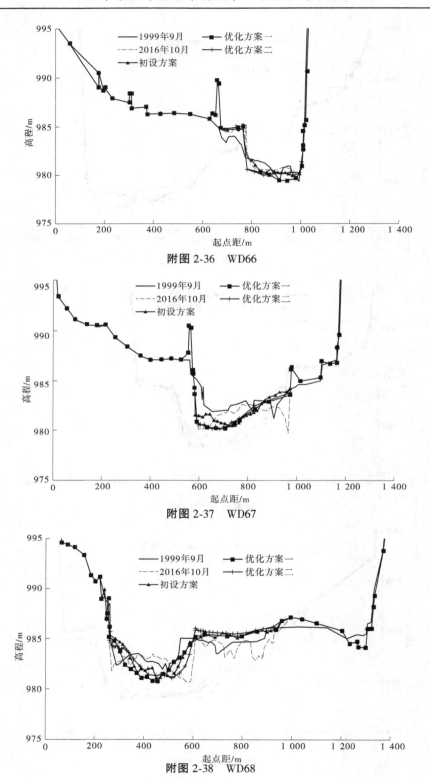

附图 2-36　WD66

附图 2-37　WD67

附图 2-38　WD68

参考文献

[1] 张俊华,王国栋,陈书奎,等. 小浪底水库模型试验研究[R]. 郑州:黄河水利科学研究院,1999.
[2] 张俊华. 陈书奎. 李书霞. 小浪底库区实体模型验证试验[R]. 郑州:黄河水利科学研究院,2008.
[3] 窦国仁,柴挺生,等. 丁坝回流及其相似律的研究[R]. 南京:南科所,1977.
[4] 张瑞瑾,等.论河道水流比尺模型变态问题.第二次河流泥沙国际学术讨论会论文集(中国南京)
    [C]//北京:水利电力出版社,1983.
[5] 张红武,江恩惠,白咏梅,等.黄河高含沙洪水模型相似律[M].郑州:河南科学技术出版社,1994.
[6] 张俊华,王严平. 挟沙水流指数流速分布规律[J]. 泥沙研究,1998(12).
[7] 罗国芳,等.黄河下游不冲流速的初步分析[R].郑州:黄委会水利所,1958.
[8] 张红武,等.黄河花园口至东坝头河道整治模型的设计[R].郑州:黄委会水科院, 1990.
[9] 徐正凡,梁在潮,李炜,等.水力计算手册[M].北京:水利出版社,1980.
[10] 钱宁,张仁,周志德.河床演变学[M].北京:科学出版社,1989.
[11] 张俊华,李远发,张红武,等.禹州电厂白沙水库取水泥沙模型试验研究报告[R].郑州:黄河水利
    科学研究院,1996.
[12] 费祥俊.浆体与粒状物料输送水力学[M].北京:清华大学出版社,1994.
[13] 王婷,马怀宝,闫振峰. 万家寨库区实体模型验证试验研究报告[R]. 郑州:黄河水利科学研究
    院,2018.
[14] 闫振峰,王子路,马怀宝. 万家寨水库降水冲刷实体模型试验研究[R]. 郑州:黄河水利科学研究
    院, 2019.
[15] 任智慧,闫振峰,王子路.万家寨水库初步设计运行方案实体模型试验研究[R].郑州:黄河水利科
    学研究院,2019.
[16] 王婷,闫振峰,马怀宝,等.万家寨水库优化运行方案一实体模型试验研究[R].郑州:黄河水利科
    学研究院,2019.
[17] 王婷,闫振峰,马怀宝,等.万家寨水库优化运行方案二实体模型试验研究[R].郑州:黄河水利科
    学研究院,2019.
[18] 翟家瑞,金双彦,熊运阜,等.黄河万家寨水库防凌运用方式研究[M].郑州:黄河水利出版
    社,2013.